材料加工学
第2版

澤井　猛
廣垣俊樹
塩田康友
恩地好晶
青山栄一
櫻井惠三
足立勝重
小川恒一
著

朝倉書店

執筆者

澤井　猛　　大阪産業大学工学部機械工学科・講師
廣垣俊樹　　同志社大学理工学部機械システム工学科・教授
塩田康友　　㈱野村製作所販売グループ
恩地好晶　　㈱ミズホ取締役本部長
青山栄一　　同志社大学理工学部機械工学科・教授
櫻井惠三　　大阪産業大学工学部機械工学科・教授
足立勝重　　前大阪産業大学工学部・教授
小川恒一　　前大阪府立大学総合科学部・教授

は　し　が　き

　昨今，IT産業，航空宇宙産業，医療機器産業などが世間の脚光を浴びるようになってきた．とくにパソコン，携帯電話などのIT産業は著しい発展をとげている．これに伴い，製造業，すなわち物づくり産業はどのような趨勢になっているであろうか．

　第二次世界大戦以降，わが国は一貫して物づくり産業で発展してきた．初期には造船，車両，重機械などを製造する重工業であり，次にそれらを軽量化する軽工業に推移し，昨今では極軽工業といっても過言ではないほど極軽量かつ微細な加工を取り扱うようになってきた．この間，重工業が衰退したかというとそうではなく，重工業から極軽工業に対応できる物づくりの技術（加工技術）の裾野が拡がり，工業界が多様化してきたといえよう．すなわち，加工技術が精密加工からしだいに超精密加工に拡大したといえる．

　このように，産業構造の変革があったとしても，物づくりの対象が変わるのみで，物づくり自体がなくなることはなく，むしろ加工技術の進歩によって産業構造の変革が促されるといっても過言ではない．したがって，将来にわたってますます新しい加工技術の必要性が高まることが想像できる．

　昨今，加工技術は急速な進歩をとげているが，これは加工現場に携わる技術者・研究者たちのたゆまざる努力のたまものである．今後も次々と新しい加工技術の進展が望まれるであろうが，そのためには，物づくりに携わる技術者のみならず，これから携わるであろう理工系の学生諸君は絶えず新しい知識と技術の修得に努めなければならない．

　そのための専門書として，これまでに各種加工法（工作法）を概説したものが多数刊行されている．理工系の学生を対象にした授業では，このような専門書が適するのかもしれない．しかし，産業界の現場で働く技術者にとってはやや物足りなさを感じるであろう．他方，現場に即した専門書は狭い範囲に限られ，幅広い知識の専門書にはなりにくい．

そこで本書は，理工系学生と現場で働く技術者の両者を対象に，比較的幅広い機械加工に関する基本的知識に，現場的な機械加工技術を加味した専門書をめざした．しかしながら，紙幅の都合によりすべての機械加工法を詳細に網羅することは不可能で，機械加工法の中でも比較的重要な除去加工について主に説明するようにした．

まず第1章においては，機械加工概説として，機械加工の意味と，加工における機械加工の位置づけ，そして除去加工などについてそれらの概略を述べた．

第2章においては，除去加工の基本である切削加工について，従来用いられている加工法に加え，新しい加工法についても説明した．

第3章においては，切削加工と同様，除去加工で重要な位置を占める研削加工について詳細に説明した．

第4章においては，高精密加工を担う研磨加工について，現場的に詳細に説明した．

第5章においては，難削材の加工として注目を浴びている各種の加工法について，それらの概略を説明した．

第6章においては，加工された製品の評価法を取り上げた．加工された製品が初期の仕様どおりに仕上がっているか否かを調べる種々の方法を，各種の例をあげて詳細に説明した．

第7章においては，機械加工システムの自動化を取り上げた．加工の自動化がますます進むなか，加工システムの自動化を学ぶことは，加工技術の開発にとって避けがたい重要な要因であろう．

本書が勉学中の学生のみならず，広く産業界の技術者にとって，いささかなりとも参考になれば著者らの望外の喜びとするところである．

また本書は，長期間にわたり増版を重ねてきたが，このたび第6章を追加して内容を刷新し，新しく第2版として刊行することになった．朝倉書店編集部をはじめ，関係者各位に御礼申し上げる．

最後に，本書を執筆するに当たり多くの名著を参考にさせて頂いた．ここに厚く御礼申し上げたい．

2009年3月

著者らしるす

目　　次

1. 機械加工概説 ··· 1
   1.1 機械加工の位置づけ ··· 1
   1.2 除去加工の分類 ··· 3

2. 切　削　加　工 ··· 4
   2.1 切削加工法概説 ··· 5
      2.1.1 切削加工の分類 ··· 5
      2.1.2 従来と最近の切削加工法の違い ····································· 7
   2.2 切削加工の基礎 ··· 9
      2.2.1 切削機構 ··· 9
      2.2.2 切りくずの生成形態 ··· 12
      2.2.3 2次元切削における切りくず生成 ··································· 14
      2.2.4 2次元切削における切りくず生成の力学 ····························· 15
   2.3 切削加工用工具 ··· 17
      2.3.1 切削工具の基本形状 ··· 17
      2.3.2 バイトの形状 ··· 18
      2.3.3 フライスの形状 ··· 20
      2.3.4 ドリルの形状 ··· 21
   2.4 切　削　抵　抗 ··· 23
      2.4.1 バイトによる切削抵抗 ··· 23
      2.4.2 切削抵抗の計算 ··· 25
      2.4.3 フライスによる切削抵抗 ··· 26
      2.4.4 ドリルによる切削抵抗 ··· 30
   2.5 切　削　速　度 ··· 32
      2.5.1 切削速度と工具寿命 ··· 32

目　次

- 2.5.2 工具寿命と寿命予測 ………………………………………… 32
- 2.5.3 経済切削速度 …………………………………………………… 35
- 2.5.4 切削温度 ………………………………………………………… 36
- 2.5.5 切削速度が「0」となる加工 ………………………………… 38
- 2.6 切削工具材料 …………………………………………………………… 38
  - 2.6.1 高速度工具鋼（ハイス） ……………………………………… 40
  - 2.6.2 超硬合金 ………………………………………………………… 41
  - 2.6.3 サーメット ……………………………………………………… 41
  - 2.6.4 セラミックス …………………………………………………… 42
  - 2.6.5 コーテッド工具 ………………………………………………… 43
  - 2.6.6 立方晶窒化ホウ素（CBN） …………………………………… 44
  - 2.6.7 ダイヤモンド …………………………………………………… 45
  - 2.6.8 工作物材質と切削工具材料 …………………………………… 46
- 2.7 工具の損耗 ……………………………………………………………… 47
  - 2.7.1 工具損耗の種類 ………………………………………………… 47
  - 2.7.2 切削速度と工具損耗の関係 …………………………………… 50
  - 2.7.3 ホーニング ……………………………………………………… 53
- 2.8 切削仕上げ面の性質 …………………………………………………… 53
  - 2.8.1 仕上げ面の幾何学的特性 ……………………………………… 54
  - 2.8.2 仕上げ面の物理的・化学的特性 ……………………………… 55
  - 2.8.3 仕上げ加工の要点 ……………………………………………… 58
- 2.9 切削油剤 ………………………………………………………………… 58
  - 2.9.1 切削油剤使用の目的と効果 …………………………………… 58
  - 2.9.2 切削油剤の種類 ………………………………………………… 59
  - 2.9.3 切削油剤の問題点 ……………………………………………… 60
  - 2.9.4 新しい切削油剤供給方法 ……………………………………… 61
- 2.10 特殊加工 ………………………………………………………………… 63
  - 2.10.1 高速切削 ………………………………………………………… 63
  - 2.10.2 高温切削 ………………………………………………………… 65
  - 2.10.3 低温切削 ………………………………………………………… 66

	目　　次	v

  2.10.4　振動切削 …………………………………………………………… 67
  2.10.5　弾性切削 …………………………………………………………… 68

3. 研　削　加　工 …………………………………………………………… 71
 3.1　研削加工の概要 …………………………………………………………… 72
  3.1.1　研削のメカニズム …………………………………………………… 72
  3.1.2　研削の特徴 …………………………………………………………… 73
  3.1.3　研削抵抗 ……………………………………………………………… 74
 3.2　研削といし ………………………………………………………………… 75
  3.2.1　といしの構成 ………………………………………………………… 75
  3.2.2　と粒の種類 …………………………………………………………… 75
  3.2.3　結合剤の種類 ………………………………………………………… 77
  3.2.4　といしの形状 ………………………………………………………… 78
 3.3　研削加工の形態 …………………………………………………………… 79
  3.3.1　といしの自生作用 …………………………………………………… 79
  3.3.2　といしのトラブル …………………………………………………… 79
  3.3.3　といしの調整 ………………………………………………………… 80
  3.3.4　研削加工の種類 ……………………………………………………… 80
 3.4　研削盤の種類 ……………………………………………………………… 82
  3.4.1　円筒研削盤 …………………………………………………………… 82
  3.4.2　内面研削盤 …………………………………………………………… 82
  3.4.3　芯なし研削盤 ………………………………………………………… 82
  3.4.4　平面研削盤 …………………………………………………………… 84
 3.5　最近の研削の動向 ………………………………………………………… 84
  3.5.1　グラインディングセンター ………………………………………… 84
  3.5.2　高能率加工 …………………………………………………………… 86
  3.5.3　新素材の加工 ………………………………………………………… 86

4. 研　磨　加　工 …………………………………………………………… 88
 4.1　強制加工と加圧加工 ……………………………………………………… 90

4.1.1　加圧加工の特性 …………………………………… 91
　　4.1.2　加圧加工の機構 …………………………………… 93
　4.2　固定と粒による研磨加工 ………………………………… 94
　　4.2.1　ホーニング加工 …………………………………… 94
　　4.2.2　超仕上げ加工 ……………………………………… 101
　4.3　半固定と粒による加工 …………………………………… 106
　　4.3.1　研磨布紙加工 ……………………………………… 106
　　4.3.2　バレル加工 ………………………………………… 111
　4.4　遊離と粒による加工 ……………………………………… 114
　　4.4.1　噴射加工 …………………………………………… 114
　　4.4.2　バフ研磨 …………………………………………… 116
　　4.4.3　ラッピング ………………………………………… 118
　　4.4.4　ポリシング ………………………………………… 123

5. 特殊加工 …………………………………………………… 126
　5.1　電気・熱的加工法 ………………………………………… 126
　　5.1.1　放電加工 …………………………………………… 126
　　5.1.2　電子ビーム加工 …………………………………… 128
　　5.1.3　レーザー加工 ……………………………………… 128
　　5.1.4　プラズマジェット加工 …………………………… 132
　5.2　電気・化学的加工法 ……………………………………… 133
　　5.2.1　電解加工 …………………………………………… 133
　　5.2.2　電解研削 …………………………………………… 133
　　5.2.3　電解研磨 …………………………………………… 134
　5.3　化学的加工法 ……………………………………………… 134
　　5.3.1　化学研磨 …………………………………………… 135
　　5.3.2　腐食加工 …………………………………………… 135

6. 工作物の精度評価 ………………………………………… 137
　6.1　加工精度 …………………………………………………… 137

目　　次　　vii

6.2　寸法公差 ……………………………………………………………………… 138
6.3　寸法許容差 …………………………………………………………………… 139
6.4　普通公差 ……………………………………………………………………… 139
6.5　寸法精度 ……………………………………………………………………… 139
　　6.5.1　長さの測定 …………………………………………………………… 141
　　6.5.2　長さの測定例 ………………………………………………………… 143
　　6.5.3　角度の測定 …………………………………………………………… 148
6.6　幾何学的形状精度（幾何公差） …………………………………………… 149
　　6.6.1　幾何公差の種類 ……………………………………………………… 151
　　6.6.2　幾何公差の加工例 …………………………………………………… 151
6.7　幾何学的表面形状（表面粗さ） …………………………………………… 153
　　6.7.1　表面形状 ……………………………………………………………… 153
　　6.7.2　表面粗さの測定法 …………………………………………………… 154
　　6.7.3　輪郭曲線 ……………………………………………………………… 154
　　6.7.4　断面曲線 ……………………………………………………………… 155
　　6.7.5　平均線 ………………………………………………………………… 155
　　6.7.6　表面粗さのパラメータ ……………………………………………… 156
　　6.7.7　表面粗さの測定例 …………………………………………………… 157
6.8　自動計測 ……………………………………………………………………… 158

7. 機械加工システムの自動化 …………………………………………………… 164

7.1　機械加工システムの構成とその発展 ……………………………………… 165
7.2　工作機械の自動化 …………………………………………………………… 166
　　7.2.1　工作機械の発達の歴史 ……………………………………………… 166
　　7.2.2　NC工作機械 ………………………………………………………… 168
　　7.2.3　NCプログラミング ………………………………………………… 170
　　7.2.4　マシニングセンター ………………………………………………… 173
　　7.2.5　適応制御工作機械 …………………………………………………… 174
　　7.2.6　CNC，DNC ………………………………………………………… 175
7.3　マテリアルハンドリングの自動化 ………………………………………… 177

7.3.1　マテリアルハンドリング …………………………………… 177
　　7.3.2　産業用ロボット ………………………………………………… 178
　　7.3.3　無人搬送車 ……………………………………………………… 179
　　7.3.4　自動倉庫 ………………………………………………………… 182
　7.4　FMC，FMS，FA ……………………………………………………… 183

演習問題解答とヒント ……………………………………………………… 186
索　　引 ……………………………………………………………………… 193

1. 機械加工概説

1.1 機械加工の位置づけ

　われわれ人間は，機械加工と無関係ではない．身のまわりを見渡しても日用品，建築物，船舶，自動車，飛行機，産業機械，家庭電気製品，カメラ，時計，パソコンなど，機械加工によって作られている製品はたくさんある．このような，毎日の生活に恩恵をもたらしている製品はどのようにして作られてきたのだろうか．大昔にはもちろん，いまあるような複雑な工作機械によって加工されてはいない．しかし，道具が人間の手足のかわりに使われだすに伴い，ごく簡単な構造の工作機械がしだいに発達して今日のような複雑なものとなり，それを用いて役に立つ製品，複雑な製品が容易に作られるようになってきた．今後もさらに，多くの技術者たちの努力と知恵によって，加工しやすい，精度のよい工作機械と，加工技術の発展に伴い，機械加工が高度な文明社会に貢献するであろう．

　製品はいろいろな機械加工を経て作られるが，一般に，機械加工は表1.1に示すように分類される．

　機械加工 (machining, manufacture process) を大きく分類すると，いろいろな材料を付加していく付加加工，材料を変形させて必要な形にする変形加工（成形加工），余分な部分を除去していき最終形状にする除去加工がある．その場合，硬い材料とか複雑な形のものは，熱を加えるか，あるいは電気的な熱エネルギーを用いるとか，また，加工能率を考えながら除去加工法を選ぶということから物づくりが行われる．

　材料から製品になるまでの工程を，たとえば，図1.1に示すようなペンチについて調べてみよう．製作工程は表1.2に示すように，まず丸棒鋼材を調達して適当な寸法に切断する．次に切削加工工程では総型工具を用いてペンチ形状に成型する．続いて穴あけ，座ぐり，皿もみ，刃付け，鋲（ピン）入れ，かしめ，バリ取りが行われる．そして，刃部の厚み寸法を揃える両面研削と頭部きわずけのた

めの外観研削を行った後,刃部の硬さを出すための焼入れ・調質,焼きもどしを行う.工程の後半では,硬さ試験,切断応力試験,形状寸法検査,変形試験などの調節・機能検査を行い,防錆処理,包装・検査などを施して出荷となる.このように全部で約30数回の加工工程が繰り返されて製品ができあがる.このように,単純なペンチのような作業工具でさえも,材料の除去加工,変形加工,そして付加加工の組み合わせで作られており,簡単な道具から複雑な機械に至るまで,

表1.1 機械加工の分類[1]

付加加工	接 合	溶接,圧接,ろう付,接着,焼ばめ,圧入,締結(リベット,ボルト,ねじ),ラピットプロトタイピングなど
	被 覆	コーティング,蒸着,めっき,金属溶射,肉盛り,ライニングなど
変形加工 (成形加工)	液体,粉体,粒子からの成形	鋳造,焼結,プラスチックの射出成形など
	塑性加工	鍛造,圧延,引抜き,押出し,曲げ,絞り,転造など
除去加工	機械的加工	切削,研削,ラッピング,ポリシング,ホーニング,超仕上,超音波加工,噴射加工,ウォータジェット加工など
	熱的加工	放電加工,レーザ加工,電子ビーム加工,プラズマ加工など
	化学的・電気化学的加工	フォトエッチング,ケミカルエッチング(腐食加工),メカノケミカル加工,電解加工,電解研磨など

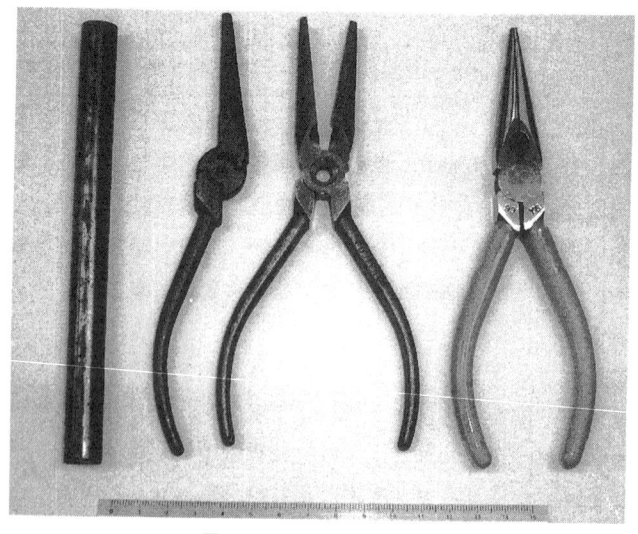

図1.1 ペンチ(作業工具)

表 1.2 ペンチの製作工程の概要

工　程	作 業 内 容
資材購入	鋼材の調達
鍛造処理	材料切断，加熱，鍛造，バリ取り
切削加工	穴あけ，座ぐり，皿もみ，総型（ミーリング），刃付け
機械加工	鋲入れ，かしめ，ショット，平押し，バリ取り
研削加工	両面研削（厚み），外観研削（頭部きわずけ）
熱処理	焼入れ・調質，高周波焼入れ，刃部焼きもどし
検　査	硬さ検査，切断応力検査，形状寸法検査，変形試験
その他	磨き，防錆処理，サック入れ，包装・検査
出　荷	出荷手続き

いろいろな加工工程を経て製品ができあがる．

1.2　除去加工の分類

　機械加工は前述のように，おおまかには3分野に分けられるが，本書では，この中の除去加工について説明する．除去加工は表1.3のように大別され，その中の切削加工（cutting, machining）は多用されているものの，加工法の中でみれば，その一つの分野にすぎないことがわかる．

表 1.3　除去加工の分類

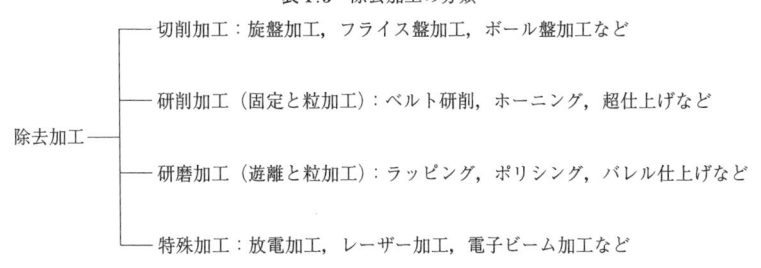

除去加工 ─┬─ 切削加工：旋盤加工，フライス盤加工，ボール盤加工など
　　　　　├─ 研削加工（固定と粒加工）：ベルト研削，ホーニング，超仕上げなど
　　　　　├─ 研磨加工（遊離と粒加工）：ラッピング，ポリシング，バレル仕上げなど
　　　　　└─ 特殊加工：放電加工，レーザー加工，電子ビーム加工など

　以上のように，一般に機械加工は，付加加工，非加熱，加熱，加圧による変形加工（成形加工），そして除去加工などで構成されている．本章ではそれらの概要と，除去加工の主なものをあげた．

演習問題

1.1 ペンチ刃部はどのような熱処理が必要か．
1.2 ペンチの機能検査としてどのような検査・試験が行われるか．
1.3 かしめ処理とはどのような処理か．
1.4 ペンチの除去加工を3点あげよ．
1.5 鍛造と鋳造はどのように異なるか．

参 考 文 献

1) 中山一雄，上原邦雄：機械加工，朝倉書店 (1983).
2) 津和秀夫：機械加工学，養賢堂 (1999).

2. 切削加工

2.1 切削加工法概説

2.1.1 切削加工の分類

切削加工 (cutting, machining) は，人類が最も早くから利用してきた工作技術の一つであり，現在も機械部品などの製作に広く用いられている．この切削加工は工作機械 (machine tool) と工具 (tool) によって所定の形状・寸法に仕上げていく加工法である．したがって，工作機械と工具によって，種々の加工法が成り立つ．

JIS では工作機械を「主として金属の工作物を切削，研削などによって，または電気，その他のエネルギーを利用して不要部分を取り除き，所要の形状に作り上げる機械」と定義している．各種の工作機械により行われる代表的な切削加工法の例を図 2.1 から図 2.5 に示す．

切削加工は工具と工作物の相対運動によって成り立っている．すなわち，切り

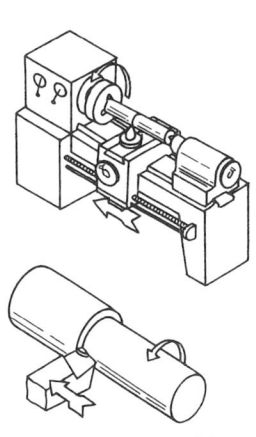

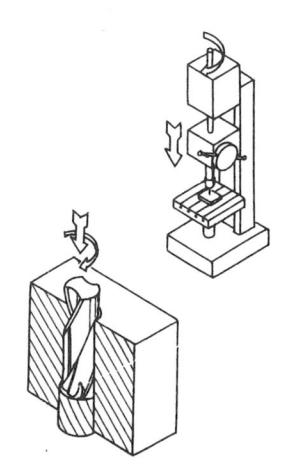

図 2.1 旋盤による円筒加工　　　　図 2.2 ボール盤による穴あけ加工

2. 切削加工

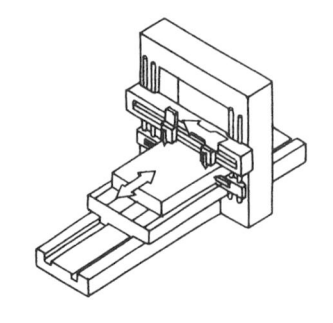

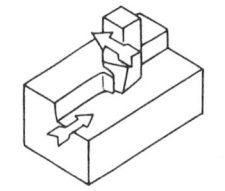

図 2.3　平削り盤による面加工

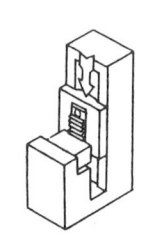

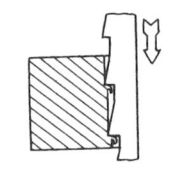

図 2.4　ブローチ盤によるキー加工

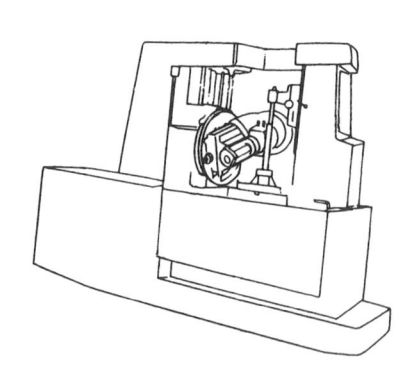

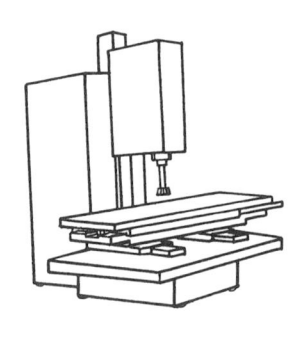

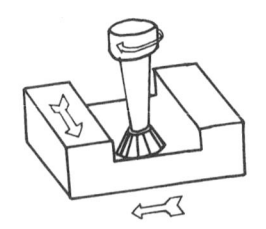

図 2.5　ホブ盤による歯車加工

図 2.6　正面フライスによるフライス加工

くずを削り出すために必要なエネルギーを与える運動成分は，切削運動（切削速度），送り運動（送り速度），そして，切り込み運動によって構成される．

a．切削運動

図 2.10 に見られる切削速度 V のように，主に切削に直接寄与する方向の運動をいう．旋盤加工（図 2.1）の場合は円筒状の工作物の回転運動が，中ぐり加工やフライス加工では工具の回転運動が切削運動である．

b．送り運動

図 2.10 における切削幅 b の方向の運動をいう．旋盤加工や中ぐり加工では工作物または工具の回転軸方向の連続した運動であり，平削り盤での面加工（図 2.3）では工作物の往復切削運動の合間に同一平面上の直角方向に工具が間欠的に運動する．

c．切り込み運動

図 2.10 の t_1 のように，切削深さを決定する方向の運動をいう．旋盤加工や中ぐり加工の円筒面の加工や，フライス加工や平削り加工などの平面加工においては，通常，一連の加工が終了するまで切削深さを一定に保ったまま，この方向の運動は固定したままとする．穴あけ（ドリル）加工（図 2.2）の場合は，送り運動と切り込み運動が同一方向であるといえる．また，キー（ブローチ）加工（図 2.4）の場合は，一枚ずつのブローチ刃の高さの差が切り込み運動であるといえる．

これら三つの運動は，通常の工作機械では工具か工作物のいずれかが運動し他方が固定された相対的な動きで成り立っている．しかし，ホブ盤による歯車加工（図 2.5）に見られるように，工具も工作物も共に異なった方向に回転運動し，複合的な運動によって複雑に加工される工作機械もある．

2.1.2 従来と最近の切削加工法の違い

切削加工は工作機械と工具を用いて，工作物を所定の形状・寸法に仕上げていく加工法である．工作機械を使って金属などの材料を加工する場合にも，いろいろな動きが必要で，それらの動作をいかに正確に制御するかが，工作機械にとって重要なテーマで加工現場が望んでいる技術である．さて，機械部品の加工法として，従来はボール盤でドリル加工，ねじ立てをしたり，中ぐり盤で穴内面を加

工したり，またフライス盤でエンドミル削りを行うなど（図2.6），一つの部品を加工するにも多くの機械を必要とした．しかし，最近の工作機械は1台でいろいろな加工が自動的に行えるようになった．その背景には，1970年代にコンピュータ内蔵型のNC-CNC装置が開発されてから，より複雑な制御が容易になり，また，高速・高精度加工も可能になったことがあげられる．

図2.7は最近のNC工作機械を示す．この例のNC（numerical control, 6 axes N/C）工作機械は工具の自動交換機能が備えられており，工作物を一度機械に取付ければ，全加工が完了する．すなわち，ターニングセンターと横中ぐり盤の機能を併せ持つ複合加工機械である．このNC加工機は画中に示すように，6軸のNC制御軸で構成されており，中ぐり主軸の回転を基準軸にX, Y, Zの基本直交3軸およびZ軸の補助軸としてのW軸によるマシニング系（M系）の制御系統による角物加工と，面板の回転を基準軸にU, Zの2軸による旋盤系（T系）の制御系統による丸物加工の，両系統の加工が1台の機械で可能な複合加工機の例である．

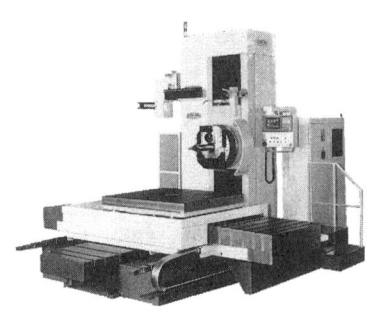

(a) 複合加工機（フェーシングセンター）　　(b) NC制御軸（6軸）

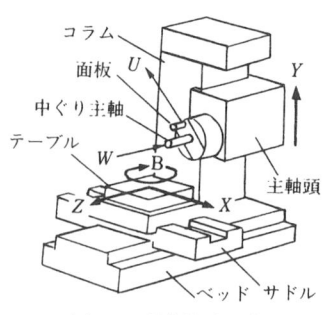

図2.7　最近のNC工作機械

次に，複合加工機械によるバルブの切削加工法の実例について説明する．図2.8に示すバルブは一般の上下水道などに用いられるもので，用途によって大小さまざまなものがある．

切削加工は多くの場合，鋳造や鍛造などの前加工によって粗成形された部品に対して適用されるが，このようなバルブも鋳造や鍛造である程度の前加工した形

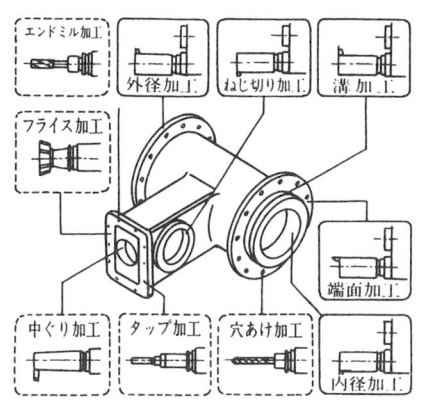

図 2.8　バルブ製品　　　　　図 2.9　複合切削加工例

に作られる．従来は，このような前加工したバルブを所要の形状と寸法に作り上げるために，円弧面，平面，穴内面そして複雑な形状の面など，あらゆる部分を各種の工作機械を複数使用して切削加工していた．しかし，いまでは複合NC工作機械（6軸）1台で加工可能となった．すなわち，図2.9に示すように，各種の工具で，内外径加工・円形端面削り・ねじ切り加工は面板部で，中ぐり・フライス・穴あけ・タップなどの小径加工は中ぐりの主軸部で加工が行われ，そして，回転テーブルの旋回割出し機能を併用することで複数の面を仕上げることができる．

　すなわち，従来は何台もの機械により加工していた品物が，1台の複合NC工作機械で，しかも少ない段取り換えで加工可能となった．この例の場合，バルブ製品の個々の加工方法のうち破線で囲ったグループは中ぐり主軸による加工，実線で囲ったグループは面板による加工の例である．

2.2　切削加工の基礎

2.2.1　切削機構

　工作機械により行われる代表的な加工法は，切削加工の分類で示したように，円筒面や平面を削り出す旋削，穴あけ，平削りなどである．これら加工法は使用する切削工具の形や，工具と工作物の相対運動などが変わるにつれて切削による金属の加工法も非常に多くの様式に分類できる．

この切削加工の特徴は
① 多種多様な形状を創成することができる．
② 素材から任意の形状寸法を得ることができる．
③ 美しい仕上げ面が得られる．

などがあげられ，この切削加工が他の加工法に比べてすぐれている点は，精密な形状・寸法が比較的容易に得られるところにある．

切削は各種切削工具を用いて，円筒削り，平削り，穴あけ，フライス削りなどの加工を行う．この切削加工の基本はくさびの作用である．すなわち，くさび形をした刃物（工具）を材料に食い込ませると，材料は工具のくさび作用によって引裂かれる．

これらの関係を実際に調べるために，削りやすい工作物（被削性の良い材料）として鉛を用い，バイト（工具）のすくい角を30度にして2次元加工した切りくず生成機構のモデルを図2.10に示す．

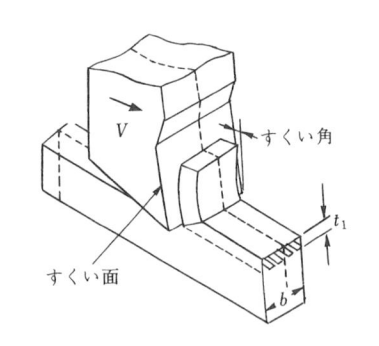

切り込み深さ　$t_1 = 1$ mm
すくい角　　　$30°$
切削速度　　　$V = 0.5$ m/min
切削幅　　　　$b = 10$ mm
被削材　　　　鉛
格子線間隔　　1 mm $\times 2$ mm

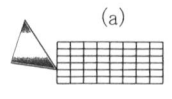

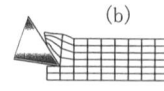

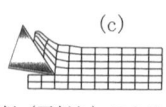

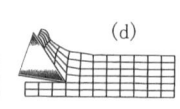

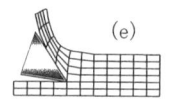

図2.10 2次元切削（平削り）による切りくず生成機構

図に示すように，くさび形をしたバイトを被削材（work piece）に食い込ませると被削材は工具のくさび作用によって引裂かれる（同図(b)）．さらにバイトを進めると，同図(c)のようにバイトに接したところの被削材はバイトのすくい面を滑りながら，先端のところでは，材料が塑性変形を起こして押しつぶされて

いる．そして，バイトの前方のところでは，せん断作用によって材料が滑り，上方に押し上げられている．このように，切りくずはバイトの面に接したところでは，塑性と摩擦によって連結しながら，切りくず先端は細かなせん断を受けた状態でつながる．このような切削状態は平削り盤で板材を削るときに生じるが，図2.11のように旋盤による切削の場合でも丸棒の円周削りやパイプ材の端面削りでは2次元模型と同じ切削現象になる．このように工具の切れ刃に垂直な各断面ではほぼ一様な変形が生じる．この切削状態を2次元切削（orthogonal cutting，または，two-dimensional cutting）と呼ぶ．

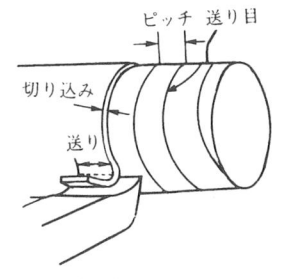

図2.11　旋盤加工による2次元切削　　　　図2.12　3次元切削

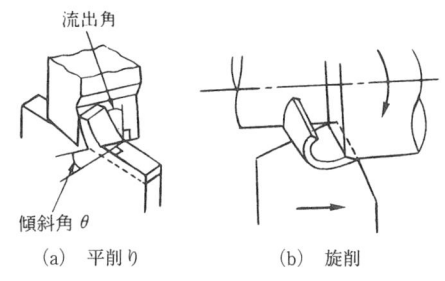

実際の切削では，切れ刃が切削方向に直角でなく，図2.12のようにある傾きθをもつ場合，また切れ刃が直線でない場合などがほとんどである．同図（a）は平削り，同図（b）は旋削（旋盤加工）の場合である．このような切削状態を3次元切削（oblique cutting，または，three-dimensional cutting）と呼ぶ．

図2.13はドリル加工（drilling）における先端切れ刃（ドリルの切れ刃直径；d_3，d_2，d_1の場合）の断面（同図（a），（b），（c））による切削状態を示す．図から，外周に近い断面d_3のところでは2次元加工の切削状態と同じである．

しかしながら，ドリル中心に近い切れ刃（断面d_1）の切削状態になると，大変複雑となり，理解することがむずかしい．すなわち，工具のすくい角（rake angle），逃げ角（clearance angle）によって切りくずの形状が変化する．このようにドリル加工の3次元切削における切りくず生成機構はきわめて複雑であるが，基本は2次元切削の機構に基づいて理解することができる．

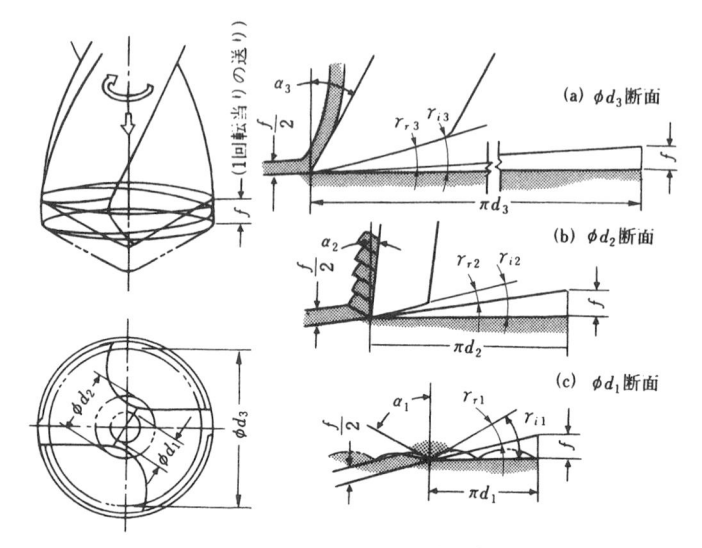

α：すくい角, γ_r, γ_i＝逃げ角, f＝送り

図2.13 ドリル加工の切削状態

2.2.2 切りくずの生成形態

金属を切削するときに発生する切りくず形態は，被削材の物理的性質，工具の形状・工具材質，切削条件（切削速度，切り込みなど），および切削油剤の有無などによって異なる．

切りくずの形状については，Rosenhaim-Sturney，大越らが，流れ形（flow type），せん断形（shear type），むしり形（tear type），き裂形（crack type）の4種類が存在することを見出している[1]．それらをまとめると表2.1のように表せる．

切りくず形態は被削材の種類によって大きく影響するが，同一の被削材でもすくい角，切り込みなどの切削条件によって，図2.14のように変化する[14]．

また，流れ形切りくずにおいては，図2.15に示すように構成刃先（build up edge）ができる場合がある[14]．これは，削られた金属の一部が工具切れ刃の先端部分のすくい面部に強く付着するかあるいは接合する場合であり，切削を続けるとだんだん大きく成長する．この構成刃先は切りくずより大きなひずみを受け硬くなっている．

2.2 切削加工の基礎

表 2.1 切りくずの形状

形 式	現 象	起こりやすい材料
流れ形	圧縮によって、塑性変形を起こし、細かく刃先前方に滑りが生じ、切りくずが連続的に発生する	軟鋼・銅合金・アルミ合金のようにねばくてやわらかい材料
せん断形	すくい角が小さく（10°内外で）、しかも刃先の圧縮厚さが厚くなるときに、切りくずが滑りを起こして発生する	比較的もろい材料を削るとき発生
むしり形	切りくずがすくい面に溶着して、流れによることができない状態で、蓄積されたまま刃先が前進するため、刃先前方に裂け目が生じ、それから内部に向かって前進して切りくず本体からむしりとられて発生する	最も軟質な軟鋼・銅合金・アルミ合金で、流れ形のときより、やわらかくねばい材料
き裂形	塑性変形を起こす前に破断する場合である 切削が始まると切りくずになる部分に直ちにき裂が入り、き裂はせん断形切りくずのように止まることなく成長して、切りくずは完全に分断する	鋳鉄・可鍛鋳鉄・青銅・石材のようなもろい材料

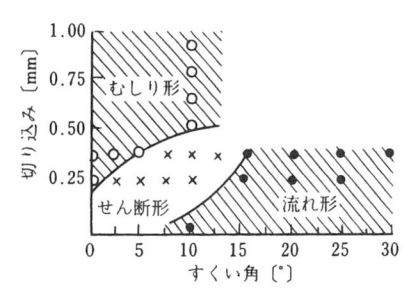

図 2.14 切削条件による切りくず形態の変化
(W. Rosenhaim)

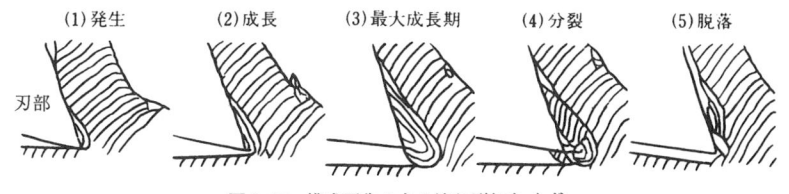

図 2.15 構成刃先のある流れ形切りくず
(1) 発生　(2) 成長　(3) 最大成長期　(4) 分裂　(5) 脱落

図 2.16 は，実際の切削現象の内部を観察するために，急停止装置を用いて切れ刃部を撮影したものである．図に示すように，工具と工作物が接触する表面は塑性域（plastic zone）が発生し，加工硬化（work hardening）という現象を起こして非常に硬くなっている状態がわかる．

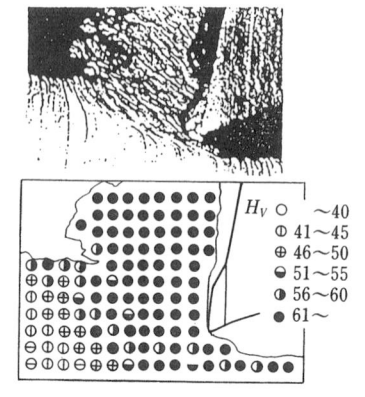

H_V	
○	～40
⊖	41～45
⊕	46～50
⊖	51～55
⊖	56～60
●	61～

図 2.16 切れ刃部のミクロ写真と硬さ分布

2.2.3 2次元切削における切りくず生成

軟鋼のように比較的やわらかい材料を2次元切削すると，構成刃先は生成せず連続して長い切りくずが流れるように出てくる．この流れ形切りくずの長さは，送り量，切り込み量によって，図 2.17 に示すように変化する．すなわち，切り込み量を一定にして送り量を小さくすると厚みの小さい長く連続した切りくずが生成される．このように連続切りくずが生成される状態を刃先上で模式的に描くと，ちょうど図 2.18 のように示され，Pispanen はトランプを操るようだと指摘している[15]．この場合，削られる材料は，図 2.10 の2次元切削モデルで示されるように，工具が前進することによって圧力が伝えられる．そして，工具の前にある材料の部分は変形を始める．その後，削られる材料から分離しながら"切りくず"に変形して，工具すくい面に沿って滑りながら排出される．このような切りくず生成過程は基本的にはせん断過程（shearing process）であるが，厳密には圧縮などが加わり，

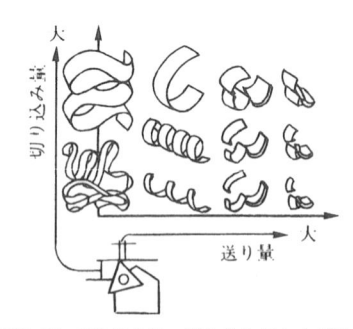

図 2.17 切り込み量，送り量と切りくず形状

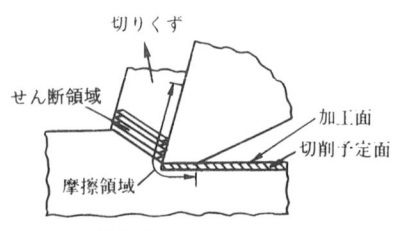

図 2.18 せん断変形による切りくず生成（Pispanen）

大きなせん断ひずみが生じている．

2.2.4　2次元切削における切りくず生成の力学
a． 切りくず厚さとせん断角

2次元切削モデルにより単純化した切削中の各部分に働く力を力学的に解析することができる．これは実際とは必ずしも合わないが，切りくず生成の様子を知るためには重要である．

流れ形切りくずが作られるときに，材料は連続的に工具の切れ刃にある傾きをもった平面でせん断ひずみを受ける．そして，図2.19（a）に示すように，刃先から斜上方に向かう一つの面（実際には厚さのある領域）を工作物が通過する際に，この面に沿ってせん断すべりが起こる．この面をせん断面（shear plane）と呼び，その切削方向に対する傾角をせん断角と呼ぶ．図2.19（b）で明らかなように，せん断角の大小によって切りくずの長短や薄厚が決まる．すなわち，切削厚さ t_1，切りくず厚さ t_2，すくい角 α，せん断角 ϕ の間には幾何学的な関係がある．

$$\tan\phi = \{(t_1/t_2)\cos\alpha\}/\{1 - (t_1/t_2)\sin\alpha\} \tag{2.1}$$

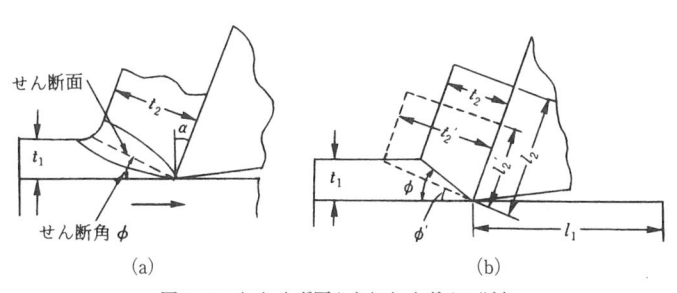

図2.19　切りくず厚さと切りくずせん断角

また，変形が2次元的で横ひろがりがないときには，切削長さ l_1 と切りくず長さ l_2 の間には次の関係がある．

$$l_1 t_1 = l_2 t_2 \tag{2.2}$$

また，切りくず形状は，以下に示すように厚さや長さの分布や変動で決まることから，結局はすべてせん断角によって支配されるということがいえる．

厚さ t_1 の部分をせん断変形によって押しつぶして t_2 の厚さにするときに，切りくずが受けるせん断ひずみ γ は，簡単な幾何学的計算から求まる．

$$\gamma = \cot\phi + \tan(\phi - \alpha) \tag{2.3}$$

一般に右辺の第2項は小さいので，γ は ϕ が小さいほど大きくなる．実際に鋼を切削し，切りくず厚さを測定して式(2.1)から ϕ を求め，式(2.3)でせん断ひずみを計算すると，このひずみは 2～5 という非常に大きな値になる[1]．

b．切りくず生成の切削力

図2.20 は切削力を理解しやすいように，円を使って各力の関係を示したものである．

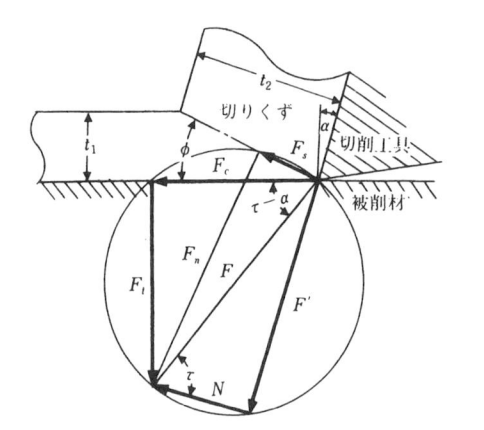

図2.20　2次元切削の切削力の成分

α ：工具すくい角
ϕ ：せん断角
τ ：摩擦角
F ：合力
F_c ：主切削力(切削速度方向成分)
F_t ：主切削力に垂直な力
　　　　(旋盤削りでは送り方向分力)
F_s ：せん断面に働くせん断力
F_n ：せん断面に働く垂直力
F' ：すくい面に沿って働く摩擦力
N ：すくい面に垂直に働く力
t_1 ：切り込み
t_2 ：切りくずの厚さ

切削力の成分は以下のように表せる．

$$\left.\begin{aligned}F_s &= F_c \cos\phi - F_t \sin\phi \\ F_n &= F_c \sin\phi + F_t \cos\phi \\ F' &= F_c \sin\alpha + F_t \cos\alpha \\ N &= F_c \cos\alpha - F_t \sin\alpha\end{aligned}\right\} \tag{2.4}$$

また，工具のすくい面上の摩擦係数を μ，摩擦角を τ とすれば

$$\mu = \tan\tau = F'/N = (F_t + F_c \tan\alpha)/(F_c - F_t \tan\alpha) \tag{2.5}$$

切削面積を A_0，せん断面積を A_s，切削幅を b とすれば，$A_0 = bt_1$

$$A_s = A_0/\sin\phi = bt_1/\sin\phi \tag{2.6}$$

2.3 切削加工用工具

となるので，せん断面上の平均垂直応力 σ_s，平均せん断応力 τ_s は，次式によって表される．

$$\sigma_s = F_n/A_s = (F_c \sin\phi + F_t \cos\phi)\sin\phi/bt_1 \quad (2.7)$$

$$\tau_s = F_s/A_s = (F_c \cos\phi - F_t \sin\phi)\sin\phi/bt_1 \quad (2.8)$$

以上の関係より，実験によって切削抵抗の水平，垂直成分 F_c，F_t，切削比 t_1/t_2 を求め，切削工具のすくい角 α，切り込み t_1，切削幅 b を測定すれば，すくい角上の摩擦角 τ，せん断面上の平均垂直応力 σ_s，平均せん断応力 τ_s などを求めることができる．

2.3 切削加工用工具

2.3.1 切削工具の基本形状

切削加工に使用される工具は，加工様式に応じていろいろな形状のものが用意されている．しかし，切削加工のメカニズムから加工点の刃先部分（切れ刃，cutting edge）をみれば，加工様式の違いはあっても切削工具の基本的な形状は同じである．図 2.21 に加工時の工具刃先と工作物（被削材）の関係を示す．

切削工具の刃先は，すくい面と逃げ面という二つの重要な面で構成され，しかも，工作物に比べてはるかに硬くて粘い材料で作られている．すくい面（face, rake face）は，工具の切削をになう主体となる面で，切れ刃により工作物と分断された切りくずは，この面上を通過する．ここで，加工の基準面に対するすくい面の傾き角をすくい角（rake angle）

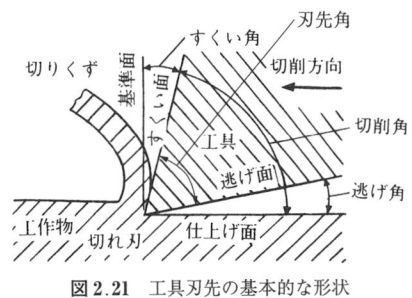

図 2.21 工具刃先の基本的な形状

という．逃げ面（frank）は，工具と切削仕上げ面との不必要な接触を避けるためにある角度を持たして逃がした面で，仕上げ面に対する逃げ面の傾きを逃げ角（clearance angle）という．

切削工具は，大まかに，単一の切れ刃を持つバイトと複数の切れ刃を持つ多刃工具とに分けることができる．それぞれの代表的な工具の形状と各部の名称について以下に説明する．

2.3.2 バイトの形状

バイト（single point tool）は，単一の切れ刃を持つ切削工具の基本となる工具で，旋削，平削り，形削り，中ぐりなどに用いられる．バイトの基本形状と各部の名称，刃先の諸角度を図2.22に示す．

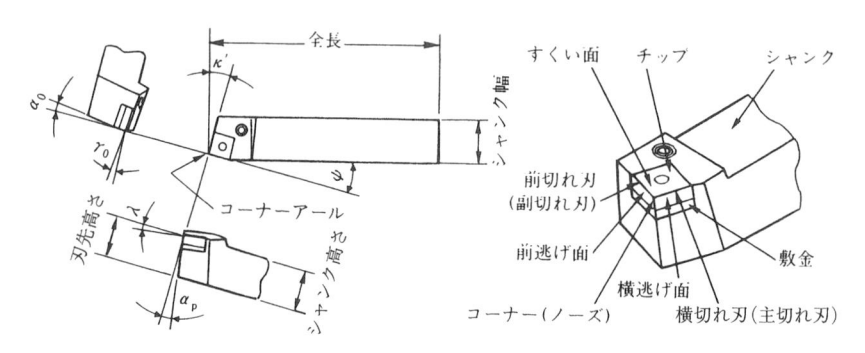

図2.22 バイト各部の名称

刃部の材料は，現在，金属加工用には主に高速度工具鋼と超硬合金が多用されている．また，近年，切削の高速化により，サーメットやセラミックスの使用も増加している（工具材料の詳細は，2.6節参照）．

バイトの構造から，刃部とシャンク部が同一の材質で製作されているものをむくバイト（solid tool）といい，チップ（tip）をシャンク（shank）にろう付けまたは溶接したものを付刃バイト（tipped tool），チップをシャンクに機械的に取付けたものをクランプバイト（clamped tool）という．

工具コストの低減化を図り，硬さを重視したチップ材の使用に伴うバイトの靭性強度を補填する目的から，主に付刃バイトやクランプバイトが使用される．高速度工具鋼および超硬合金の一部は付刃バイト方式で，また，大部分の超硬合金やサーメット・セラミックスはクランプバイト方式で使用される．図2.23にむくバイト，付刃バイトとクランプバイトの一例を示す．

付刃バイト方式のチップは，使用目的に応じた形状に研削して使用し，刃先が摩耗すれば再研磨（研ぎ直し）して繰り返し使用される．

クランプバイト方式のバイトに使用されるチップをスローアウェイチップ（throw-away insert）と称し，刃先が摩耗すれば再研磨することなしに捨てられ

2.3 切削加工用工具

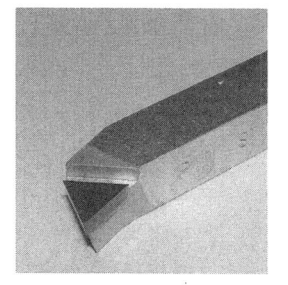

(a) むくバイト　　(b) 付刃バイト　　(c) クランプバイト

図2.23　むくバイト，付刃バイトとクランプバイトの例

る．スローアウェイチップの特長は，再研磨コストが削減でき，工具の品質・性能が安定していて，チップだけの交換で刃先が新しくなるので機械稼働率の向上につながり，工具管理の簡素化・工具在庫費用の削減を見込め，シャンク費用の節約ができることにあり，最近は盛んに使用されている．

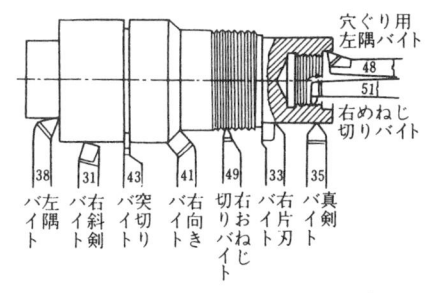

図2.24　バイトの用途別形状例

バイトの形状は加工目的によって種々用意されている．図2.24に加工目的に応じた超硬バイトの形状例を示す．汎用のバイト形状は，工具材質やチップ形状の違いごとにJIS規格で規定されており，次の3種類がある．

① JIS B 4152　高速度鋼付刃バイト（高速度工具鋼チップのろう付けバイト）
② JIS B 4105　超硬バイト（超硬合金チップのろう付けバイト）
③ JIS B 4126　スローアウェイチップホルダ

旋盤で外径加工に使用される剣バイト（straight tool）が，バイトの基本的な形状である．特殊な形状では，幅の狭い溝切りや切断を目的とした突切りバイト（parting tool, Cut-off tool），ねじ切りバイト（threading tool），総形バイト（forming tool, formde tool）などがあり，突切りバイト，ねじ切りバイト，仕上げバイトなどでは，食い込みやびびりを避けるために刃部に近いシャンクの一部を曲げ，ばねの働きをするように作ら

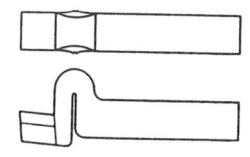

図2.25　ヘールバイト

れたヘールバイト（spring tool，図 2.25）がある．

バイトの大きさは，シャンク断面形状が方形の場合には幅（W）と高さ（H）と全長（L）で，円形の場合は直径（D）と全長（L）で表される．

2.3.3 フライスの形状

フライスは，複数の切れ刃が工具の円周上に配されていて，工具回転によって加工する多刃工具である．フライスを用途別に分類すると，次の3種類に大別される（図 2.26）．

(1) 平フライス（plain milling cutter）：円筒外周面に切れ刃を配し，平面を仕上げるフライス．加工面と工具回転軸が平行して配置され，横フライス盤などで使用される．

(2) 正面フライス（face milling cutter）：円筒端面外周に切れ刃を配したフライスで，工具回転軸に直交する平面が加工面となるように配されている．従来，立フライス盤などで使用されていたが，近年，マシニングセンターが発達し，これに多用されるようになり，フライスといえば正面フライスのことを指すまでになっている．

(3) エンドミル（end mill）：外周面および端面に切れ刃を配したジャンクタイプフライスの総称．溝削り，輪郭削り，ならい削りなど用途に応じて種々の形状が用意されている．

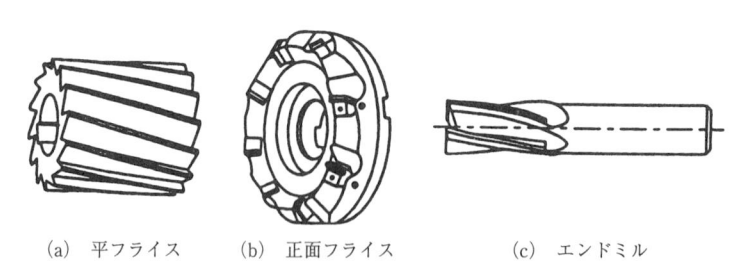

(a) 平フライス　(b) 正面フライス　(c) エンドミル

図 2.26　フライスの種類

刃部の材料は基本的にバイトの場合と同じ材質が使用されるが，フライスの場合，切削中の衝撃力が大きいため，ほとんどが高速度工具鋼または超硬合金を使用する．

図2.27 正面フライス各部の名称[11]

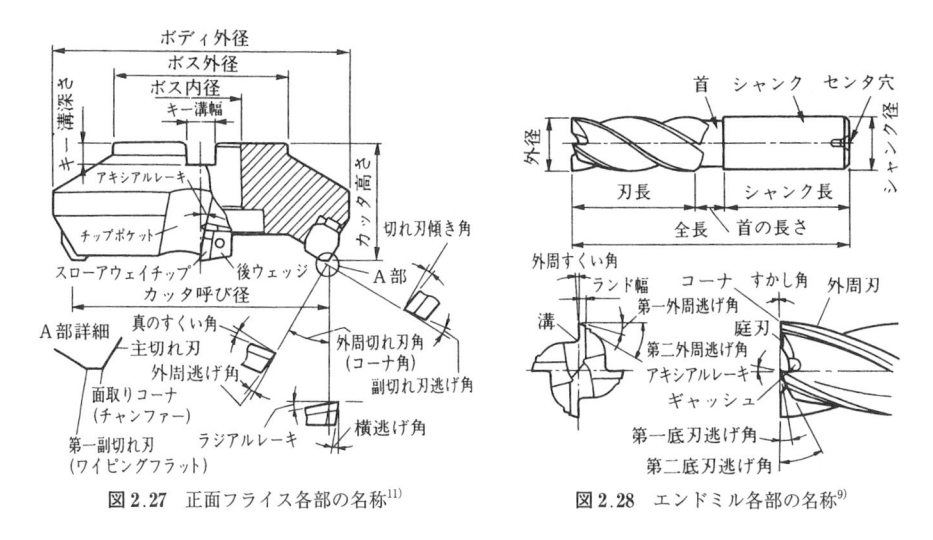

図2.28 エンドミル各部の名称[9]

構造的に見れば，平フライスは高速度工具鋼のむく材（同一材質の一体品），またはろう付けが多い．

正面フライスは，以前は高速度工具鋼または超硬合金チップをろう付けしたものが多かったが，最近はほとんどが超硬合金チップをスローアウェイ方式で取付けたものである．エンドミルは，その形状からほとんど高速度工具鋼または超硬合金のむく材で製作されているが，最近，超硬合金チップをスローアウェイ方式で取付けたものも使用され始めている．現在使用されているフライスは，ほとんどが正面フライスかエンドミルである．図2.27および図2.28に正面フライスとエンドミルの各部の名称を示す．

2.3.4 ドリルの形状

ドリル（drill）は，前出のエンドミルと似た形状の切削工具であるが，エンドミルが工具回転軸と垂直方向に送りをかけて加工するのに対し，ドリルは工具回転軸と同じ方向に送りをかけて穴あけを専門とする工具である点が異なる．ドリルもバイトと同じく刃部の材料別，構造別にそれぞれ分類できるが，用途は穴あけに限定される．

刃部の材料はエンドミルの場合と同様，ほとんどが高速度工具鋼または超硬合

金を使用したものである．ドリルは形状が細長く，剛性が低いうえに，その先端で穴の全断面の切削をするという過酷な加工をしている．したがって，ドリルには大きなねじれや曲げが働き，しかも工作物への食い付き時や抜け際の不安定な動きに十分耐えられる材料が要求される．そこでバイトやフライスの切れ刃材料が高速度工具鋼から超硬合金へ順次置きかわっていくのに対し，ドリルでは靭性が高く欠損に強い高速度工具鋼がいまだに主流として使用されている．

ドリルはエンドミルと同様，その形状からほとんど高速度工具鋼または超硬合金のむく材で製作されたり，先端部にろう付けして使用されているが，最近，超硬合金チップをスローアウェイ方式で取付けたものも使用され始めている．

図2.29に各種のドリル形状を示す．現在，使用されているドリルの主流は，ツイストドリル（twist drill）で，18世紀に発明されて以来その形状はほとんど変わっていない．ツイストドリルの各部の名称を図2.30に示す．

最近は，ツイストドリルに油穴があけられているものもあり，ドリル先端部への切削油剤の供給によって良好な加工条件が得られるよう配慮されている．

特殊な形状のドリルとしては，大径の穴あけ用としてドリルのシャンク部と刃部（ブレード）が分離できるスペードドリル（spade drill），旋盤のセンター穴あけ専用のセンター穴ドリル，極小径を加工する平ぎり，深穴加工専用のガンドリ

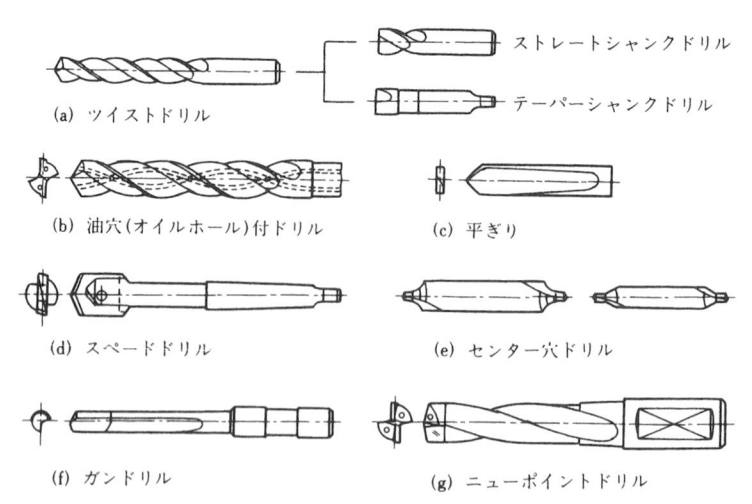

(a) ツイストドリル　　ストレートシャンクドリル／テーパーシャンクドリル
(b) 油穴(オイルホール)付ドリル
(c) 平ぎり
(d) スペードドリル
(e) センター穴ドリル
(f) ガンドリル
(g) ニューポイントドリル

図2.29　各種のドリル形状

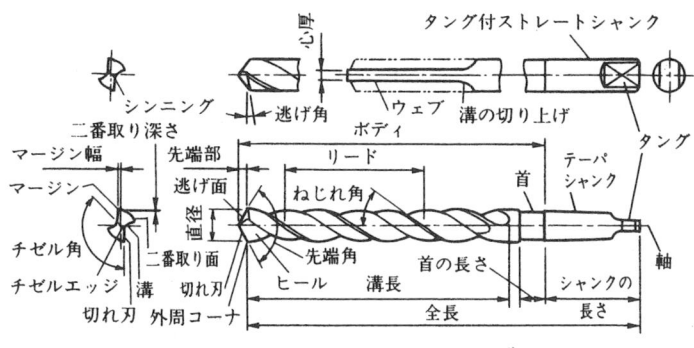

図 2.30 ツイストドリルの各部の名称[9]

ル（gun drill，単一切刃で中ぐり加工に分類される場合もある）などがある．

2.4 切削抵抗

工作物を切削工具で削り取るときに発生する切りくず（chip）のせん断・変形，および切れ刃に対する摩擦力により切削工具に作用する抵抗力を，切削抵抗（cutting resistance）という．また，このとき工作物には切削工具に作用するのと同じ大きさで，向きが正反対の力が同時に作用している．

加工様式の違いにより，また工作物の材質，工具切れ刃の材質・形状，切削条件などにより，切削工具に作用する力の向きと切削抵抗の大きさは異なる．

ここでは，切削抵抗の実用式について説明する．

2.4.1 バイトによる切削抵抗

旋盤（lathe）を使用して，1本のバイトで工作物の外径を切削する場合を旋削（turning）といい，バイト切れ刃に作用する切削抵抗の方向と大きさは，図 2.31 のように通常，3方向に分けて考える．

(1) 主分力（主切削抵抗）P_1〔N〕：削られた表面に接し，回転軸に直角な方向の分力，すなわち切削方向の分力．これと切削速度 V〔m/min〕によって主軸の正味駆動動力〔kW〕が決

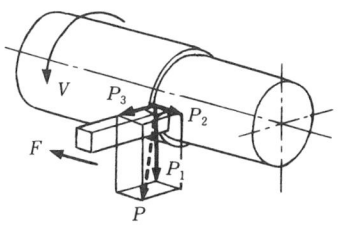

図 2.31 旋削の 3 分力

まる.

(2) 送り方向分力 P_2〔N〕：回転軸に平行な送り方向分力．これと送り速度 F〔mm/min〕によって正味送り動力〔kW〕が決まる．

(3) 背分力 P_3〔N〕：削られた表面に対する半径方向の分力，すなわち切り込み設定運動方向の分力．

切削抵抗およびその分力に影響を与える要因について次に説明する．

a．工作物の材質

単位切削面積当たりの切削抵抗〔N/mm^2〕を比切削抵抗といい，工作物の材質による定数である．ただし，この値は一定ではなく，切りくず断面の形状によっても変化するが，近似的には引張り強さに比例する．

b．切削断面の寸法と形状（切り込み量と送り量）

比切削抵抗の値は，切削面積（＝切り込み深さ×工作物の1回転当たりの送り量）が大きくなれば減少する．通常，切削抵抗の大きさは切りくずの幅（切り込み深さ）に比例し，切りくずの厚さ（送り量）とはべき関数的な関係にある．このため，同じ切削面積で切削する場合，切りくずの厚さの厚いほう，横切れ刃角の小さいほうが，切削抵抗が低く動力消費が少なく有利である．

c．すくい角

切削抵抗の分力（P_1, P_2, P_3）とその比はバイトの切削角により変化する．すくい角が増大すると，切削抵抗は減少する．すくい角が小さくなれば切削抵抗は増大するが，それ以上に刃先の負荷能力が増す．特に負のすくい角の工具は，被削性の悪い工作物を切削する場合に有利なことが多い．ただし，動力消費が大きくなるため，剛性の高い工作機械で加工しなければならない．

一般に，背分力（P_3）は，約 $0.3 P_1$ となる．しかし，送り方向分力（P_2）は切削条件によって広範囲に変化し，約 $0.15 \sim 0.50 P_1$ の範囲となる[6]．

d．切削速度

一般的に使用される範囲では，切削速度は切削抵抗およびその分力の大きさに直接的には影響しないといわれている．しかし，切削速度の増加は，切削温度の上昇を招き，ひずみ速度の上昇をもたらす．その結果，切りくず生成機構が変化したり，せん断応力，すくい面摩擦係数，せん断角などを変化させ，切削抵抗に2次的な影響を及ぼす．

2.4.2 切削抵抗の計算
a. 比切削抵抗

比切削抵抗の実験式は，Taylor以来多くの研究がなされてきた．Kronenbergの式，A.S.M.E.の式，海老原の式，益子の式などがよく知られているが，益子は他を参考に次式のような形にまとめている[5]．

$$P_s = k_\delta \times k_\kappa \times P_{su} \qquad (2.9)$$

ここで，P_s：比切削抵抗〔N/mm²〕，k_δ：切削角 δ（$=90°-$ すくい角）による定数$=(\delta/90)^{\varepsilon\delta}$．$\varepsilon\delta$の値は切りくずの形状で定まる定数で，連続形のとき：$\varepsilon\delta=0.7$，せん断形・き裂形のとき：$\varepsilon\delta=0.9$，k_κ：切り込み角 κ（バイトのシャンクが送り方向に直角の場合には $90°-$ 横切れ刃角）による定数$=(90/\kappa)^{\varepsilon\kappa}$．$\varepsilon\kappa$の値は工作物材質による定数で，表2.2のようである．P_{su}：$\delta=90°$，$\kappa=90°$の場合

表2.2 $\varepsilon\kappa$の値

工作物材質	鋼	鋳鉄	アルミニウム	黄銅・青銅
$\varepsilon\kappa$	0.22	0.17	0.125	0.086

表2.3 旋削における工作物1回転当たりの送り量 f に対する比切削抵抗 P_{su}（$\delta=90°$，$\kappa=90°$）〔N/mm²〕[5]

被削材材質	引張強さ〔N/mm²〕および硬さ	送り量 f〔mm/rev〕					
		0.04	0.1	0.2	0.4	1.0	
炭素鋼 σ_B〔N/mm²〕	400	3430	2740	2450	2080	1700	$\sigma_B^{0.5} \cdot f^{-0.22}$
	590	4210	3490	2940	2500	2080	
	780	4900	4010	3430	2940	2400	
合金鋼 σ_B〔N/mm²〕	980	5390	4410	3770	3230	2650	
	1370	6370	5190	4510	3870	3140	
	1760	8380	6860	3920	5000	4120	
鋳鉄	H_B 120	1810	1390	1160	951	735	$H_B^{1.5} f^{-0.22}$
	160	2550	1960	1630	1340	1030	
	200	3330	2550	2110	1740	1340	
アルミ合金	H_B 80	1350	1130	951	813	666	$f^{-0.22}$
アルミニウム		1050	862	735	637	519	$f^{-0.22}$
マグネシウム合金				392			
黄銅				1080			
ベーク，エボナイト				343			
硬質紙				274			

の比切削抵抗を示す．工作物の材質，送り量 f 〔mm/rev〕により定まる値（表2.3参照）．

b．切削抵抗

切削抵抗（主分力）は，比切削抵抗と切削面積の積で求められる（図2.32）．

$$P = P_s \times A = P_s \times (t_1 \times f) \tag{2.10}$$

ここで，P：切削抵抗〔N〕，A：切削面積〔mm^2〕$= t_1 \times f$，t_1：バイトの切り込み深さ〔mm〕，f：工作物の1回転当たりの送り量〔mm/rev〕．

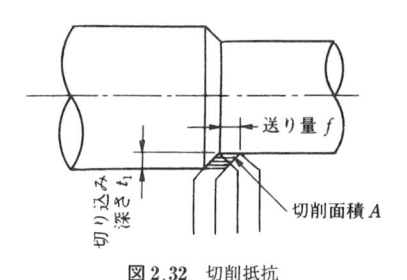

図2.32 切削抵抗

c．切削動力

切削に必要な動力は，切削抵抗と切削速度の積，または，比切削抵抗と単位時間当たりの切削体積の積で求められる．

$$\begin{aligned} N_e &= (P \times V)/(60 \times 1000 \times \eta) \\ &= (P_s \times t_1 \times f \times V)/(60 \times 1000 \times \eta) \\ &= (P_s \times Q)/(60 \times 1000 \times 1000 \times \eta) \end{aligned} \tag{2.11}$$

ここで，N_e：切削動力〔kW〕，V：切削速度〔m/min〕，Q：単位時間当たりの切削体積〔mm^3/min〕$= t_1 \times f \times V \times 1000$，$\eta$：工作機械の機械効率（通常，0.7～0.8）．

2.4.3 フライスによる切削抵抗

フライス切削〔milling〕が旋盤でのバイトによる切削と異なる点は，旋盤が一定の切削面積を維持しながら加工するのに対し，フライスでは回転外周にある多数刃が連続回転しながら工具回転軸と直角方向に送られていき，一つの切れ刃での切削面積は時々刻々と変化しながら加工することにある．フライス外周に設け

2.4 切削抵抗

られた切れ刃は，工作物に対しトロコイド曲線を描きながら運動する．フライス切削の典型的な特徴は，複数枚の切れ刃を持つ回転工具で削ることで，前の切れ刃が削った後をつぎの切れ刃が削り，おのおのの切れ刃は回転軌跡のうちの一部分で加工するだけである．したがって，旋盤では加工中の切削抵抗の大きさや方向は通常一定しているが，フライスでは切削抵抗の大きさや方向は常に変動しており，しかも，それが相次いで現れる切れ刃に受け継がれ衝撃を伴って断続的に繰り返される．旋盤での切削を"旋削"というのに対して，フライスでの切削を"転削"と称する．

平フライスを例にフライスによる切削を説明する．フライス切削には，図2.33に見られるように，切れ刃の回転方向と送り方向とを同方向に切削する方法と，逆方向に切削する方法とがある．同方向に切削するものを下向き削り（down milling）といい，逆方向に切削するものを上向き削り（upward milling）という．

下向き削りでは，切削開始時はすくい角が最大となるため切削抵抗が少なく，逃げ角が最小となるため耐衝撃値は大きくなる．また，送り方向と同じ方向に切削抵抗の分力が作用し，送り動力が少なくてすむ．上向き削りでは，衝撃を受ける切削開始時にすくい角が最小となるため切削抵抗は大きくなり，逃げ角が最大となるため耐衝撃値は小さくなる．また，送り方向と反対方向に切削抵抗の分力が作用し，送り動力が大きくなる．切削長さを比較しても上向き削りのほうが下向き削りより長くなり，工具摩耗の点からも下向き削りのほうが有利である．平フライスでの加工で上向き削りが一般的であったのは，旧来の工作機械の剛性，とくに送り機構の剛性が不足していたためである．

正面フライスによる切削の場合，図2.34のように切れ刃が工作物に食い付いて

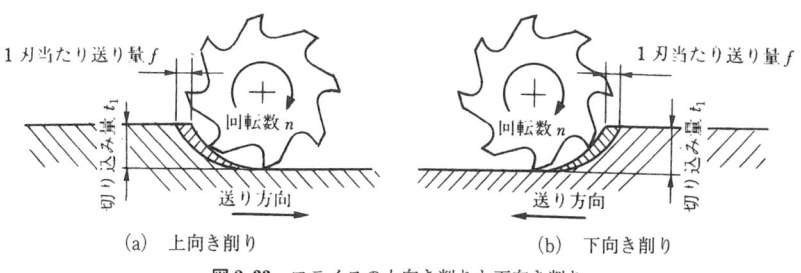

図2.33 フライスの上向き削りと下向き削り

から送り方向の工具中心までが上向き削りで,それ以降が下向き削りとなる.工作機械の剛性が十分確保されている現在では,実際の切削では,溝彫り加工は別として,全切削幅に占める上向き削りと下向き削りの比率は,上記の理由により下向き削りを多くすることが一般的である.とくに,切り込み角 $\theta > 30°$ となると工具寿命が極端に短くなるので,通常,$\theta < 25°$ の範囲で切削する.

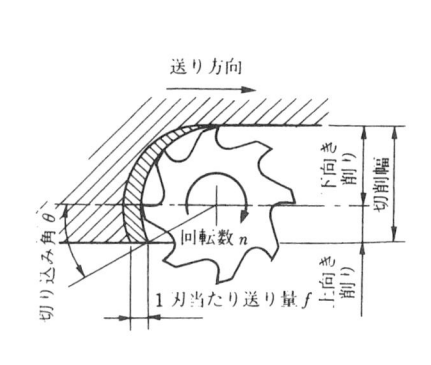

図 2.34 正面フライスによる切削

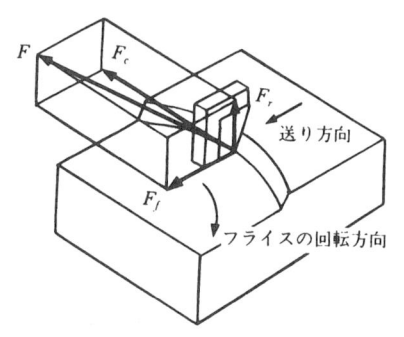

図 2.35 切削の 3 分力

F:全合力,F_c:主分力(主切削力),
F_f:送り分力,F_r:背分力.

次に,正面フライスによる切削での切削抵抗は,図 2.35 に見るように各切れ刃で表すとバイトによる切削と同じく 3 分力に分けて考えられるが,切削抵抗の大きさや方向が常に変動することや,工具全体としては多刃切削を考慮する必要があることから,従来,切削動力および送り動力として扱われることが多い.とくに測定資料としては,3 分力での測定はほとんどない.

計算上の切削動力は,旋削の場合と同様に,比切削抵抗と切削体積の積で求めることができる.この形にすることにより切削動力の計算式は,旋盤のそれと同じ形で表現される[11].

$$N_e = (P_{SM} \times t_1 \times b \times f_1)/(60 \times 1000 \times 1000 \times \eta)$$
$$= (P_{SM} \times Q)/(60 \times 1000 \times 1000 \times \eta) \qquad (2.12)$$

ここで,N_e:切削動力 [kW],P_{SM}:比切削抵抗 [N/mm^2](表 2.4 参照のこと.ただし,この値はチップの真のすくい角に比例するので,表の値は目安程度にとどめること),t_1:工具の切り込み量 [mm],b:切削幅 [mm],f_1:1 分間当たり

2.4 切削抵抗

表2.4 フライス切削における1刃当たりの送りに対する比切削抵抗 P_{SM} 〔N/mm²〕[11]

比削材材質	引張強さ〔N/mm²〕および硬さ	1刃当たりの送り〔mm/刃〕				
		0.1	0.2	0.3	0.4	0.6
軟　　　　鋼	510	2160	1910	1780	1670	1550
中　　　　鋼	610	1940	1760	1700	1570	1540
硬　　　　鋼	705	2470	2160	2000	1810	1710
工　具　　鋼	660	1940	1760	1700	1670	1570
	755	1990	1760	1720	1670	1550
クロムマンガン鋼	755	2250	1960	1840	1720	1630
	620	2700	2250	2020	1760	1740
クロムモリブデン鋼	715	2490	2210	2100	1960	1760
	590	2140	1960	1820	1760	1640
ニッケルクロムモリブデン鋼	920	1960	1760	1650	1570	1470
	H_B 352	2060	1860	1720	1670	1500
鋳　　　　鋼	510	2740	2450	2270	2160	2000
硬　質　鋳　鉄	H_{RC} 46	2940	2650	2450	2350	2160
ミーハナイト鋳鉄	350	2140	1960	1720	1570	1440
ネ ズ ミ 鋳 鉄	H_B 200	1720	1370	1220	1030	950
黄　　　　銅	490	1130	931	784	686	617
軽 合 金（Al-Mg）	160	568	470	392	343	314
軽 合 金（Al-Si）	200	686	588	480	441	382

の送り量〔mm/min〕，Q：1分間当たりの切削体積〔mm³/min〕$= t_1 \times b \times f_1$，$\eta$：工作機械の機械効率（通常，0.7～0.8）．

ここで，1分間当たりの送り量 f_1〔mm/min〕と表2.4に記された1刃当たりの送り量 f〔mm/刃〕との関係は，工具刃数を z〔枚〕，工具回転速度を N〔min⁻¹〕とすると，次式で表される．

$$f_1 = N \times z \times f \tag{2.13}$$

マシニングセンタでラフィングエンドミルにより工作物の側面を切削するとき，切れ刃のねじれ角の関係から，工具を主軸から引抜く方向の強大な分力（場合によっては数トンもの力が働く）が作用し，工具を主軸に固定しているばねの引張り力に近くなる場合がある．このとき，工具は主軸から抜け出たり軸方向に振動して正常な加工ができなくなる恐れがあるため，ラフィングエンドミルによる加工を行う場合は工具の軸方向分力に十分注意する必要がある．

2.4.4 ドリルによる切削抵抗

ドリルによる穴あけ（drilling）時に作用する力を大別すると，①主切れ刃に働く力，②先端チゼル部に働く力，③溝および外周に働く摩擦力に分けられるが，切削抵抗は，便宜上，ドリルを回転させるためのトルク（torque）と，送り方向のスラスト力（thrust force）に分けている（図 2.36）．

切削抵抗に影響を与える要因は，基本的にはバイトによる切削と同様であるが，ドリル形状に起因する独特の因子が存在する．すなわち，ドリルの場合は，

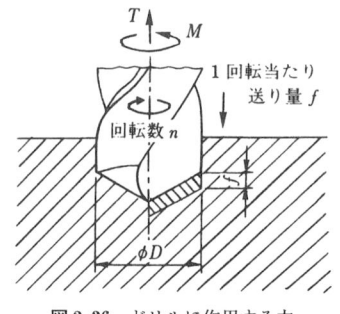

図 2.36 ドリルに作用する力

① 切れ刃の半径方向の位置により，すくい角および逃げ角の値が変化している．

② ドリル中心部は切削速度が零となり，切れ刃による加工には寄与せず，送り方向のスラスト力で押しつぶされる形となる．また，中心付近のチゼルエッジの部分がきわめて大きな負のすくい角となっていることとあわせて，非常に大きなスラスト力が作用する．

③ マージン部が加工後の穴の内面に接触するため，摩擦力が働き，トルクを増大させる．そのため，加工穴が深くなるにつれ，スラスト力はあまり変化しないが，トルクは漸増する．

④ ねじれ溝に沿って切りくずが排出されるため，排出抵抗によりトルクが極端に増大する場合がある．切削油剤によるねじれ溝部の潤滑が重要となる．

一般にドリルのスラスト力はドリル直径にほぼ比例し，トルクはドリル直径のほぼ 2 乗に比例して増大するといわれている．送り速度の増加に対して，これらの力は線形に増加せず，それよりも増加の度合いが少ない．

近年，工具材料の急速な進歩に伴い，新しい工具材料に合った切削条件を確保するためにいろいろな形状のドリルが考案されている．同じ工作物を加工する場合でもドリルの形状・材質によって切削条件が異なり，切削抵抗も一様ではない．ここでは最も一般的に使用されているツイストドリルについて切削抵抗の計算法を述べる．

2.4 切削抵抗

ツイストドリルの切削抵抗に関する研究は古くから行われ，多くの人々により解析的な研究や実験式が導き出されているが，切削試験条件が種々異なっていることもあり，その結果も多様である．

ここでは，東芝タンガロイ社がカタログに掲載している推奨計算式を一例として紹介する[10]．

$$T = 570 \times K \times D \times f^{0.85} \tag{2.14}$$

$$M = K \times D^2 \times (0.630 + 16.84 \times f) \tag{2.15}$$

$$N_e = K \times D^2 \times N \times (0.647 + 17.29 \times f) \times 10^{-6}/\eta \tag{2.16}$$

ここで，T：スラスト力〔N〕，M：トルク〔N・cm〕，N_e：切削動力〔kW〕，D：ドリル直径〔mm〕，f：1回転当たりの送り量〔mm/rev〕，N：回転速度〔min^{-1}〕，K：材料係数（表2.5参照），η：工作機械の機械効率（通常0.7～0.8）．

なお，ドリル中央部のチゼルエッジはとくにスラスト力に大きく影響するので，径が大きくウェブの厚いドリルの場合には，チゼルエッジの影響を軽減する目的でウェブ部の研ぎ落し（シンニング，thinning）をしばしば行う．

表2.5 切削動力・スラスト補正用材料係数[10]

被削材材質	引張強さ〔N/mm^2〕	ブリネル硬さ (H_B)	材料係数 (K)
鋳鉄	210	177	1.00
	280	198	1.39
	350	224	1.88
アルミニウム	250	100	1.01
S 20 C	550	160	2.22
イオウ快削鋼 SUM 32	620	183	1.42
SMn 438	630	197	1.45
SNC 236	690	174	2.02
4115鋼　Cr 0.5, Mo 0.11, Mn 0.8	630	167	1.62
SCM 430	770	229	2.10
SCM 440	940	269	2.41
SNCM 420	750	212	2.12
SNCM 625	1400	390	3.44
クロムバナジウム鋼 Cr 0.6, Mn 0.6, V 0.12	580	174	2.08
Cr 0.8, Mn 0.8, V 0.1	800	255	2.22

2.5 切削速度

切削速度(cutting speed)とは,工作物と工具刃先が単位時間に相対的にずれ違う線速度をいう.切削速度は,次式で表される.

$$V = (\pi \times D \times N)/1000 \qquad (2.17)$$

ここに,V:切削速度〔m/min〕,旋削のとき,D:工作物の加工後の直径〔mm〕,N:工作物の回転速度〔$\min^{-1}$〕.転削およびドリル加工のとき,D:工具の最外径切れ刃の直径〔mm〕,N:工具の回転速度〔$\min^{-1}$〕.

2.5.1 切削速度と工具寿命

1回転当たりの送り量と工具の切り込み量が一定であれば,切削速度の大小は切削能率の大小を表す.切削速度が大きいと切削能率は上がるが,工具刃先の摩耗が早くなり切れ味の落ちるまでの切削耐久時間(工具寿命)が短くなる.逆に,切削速度が小さいと切削能率は下がるが,工具寿命が長くなる.このように,切削速度と工具寿命は関連づけて考える必要があり,この中間に適正な切削速度(経済切削速度)というものが存在するといえる.

なお,工具寿命(tool life)は工具刃先の摩耗量で表され,切削作用で発生する切削熱による工具刃先の温度上昇の高低が影響する.すなわち,切削温度が上昇すれば,工具刃先の硬度が低下し,刃先が切りくずや切削面による摩擦で摩耗しやすくなるためである.

2.5.2 工具寿命と寿命予測

工具のダメージには,大別して摩耗と損傷があるが,工具寿命もそれらに対応して摩耗によるものと損傷によるものとの2種類が存在する[3].

従来,工具寿命と称されるものは主として摩耗によるものを指していた.これに対し,断続切削における脆性損傷のように損傷に関連した寿命については明確な定義がなされていなかった.摩耗は時間とともに進行し寿命予測は比較的容易であるのに対し,損傷は突発的に生じ予測が困難であるためである.しかし,工作物に致命的なダメージを与える危険性という点では,むしろ後者のほうがより深刻な問題である(工具の損耗については2.7節を参照のこと).

a. 工具摩耗

工具摩耗は切削時間とともに進行し，ついには切削の続行が不可能となるが，切削が不可能となる前の時点で寿命判定を行う必要がある．そこで，ある切削速度 V で加工するとき，工具のすくい面の摩耗の深さ K_T〔mm〕や逃げ面の平均摩耗幅 V_B〔mm〕が一定値に達するまでの切削時間 T〔min〕を工具寿命と定義している．

JIS B 4011 によれば，工具材料により異なるが，一般的な超硬合金材料の工具の場合，寿命判定基準は，$K_T = 0.05$ mm，$V_B = 0.3$ mm と定められている．

縦軸に切削速度を，横軸に時間をそれぞれ対数尺でとると，工具寿命 T は切削速度 V が速くなるほど減少し，図 2.37 のようにほぼ直線的に推移する．これがいわゆる工具寿命曲線（V-T 線図）とよばれるもので，これは次式で表される．

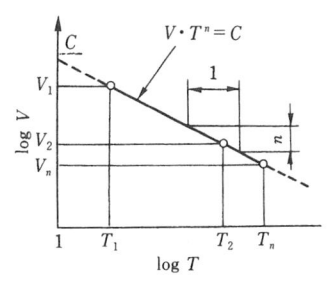

図 2.37 工具寿命曲線（V-T 曲線）

$$VT^n = C \tag{2.18}$$

ここで，n，C は工具や工作物材料によって決まる定数である．n は 0～1 の値をとり，n が小さいほど工具寿命が切削速度・切削温度に敏感な材料であるといえる．また，C は工具寿命 1 min の場合の切削速度に相当する値で，C が大きいほど高速切削に向いている．この式が 20 世紀初頭に発表され現在もなお有用視されている "Taylor の寿命方程式" である．

寿命方程式の定数は，切削速度の異なる 2 回の切削試験で求められたそれぞれの工具寿命を両対数グラフにプロットし，その傾きと切片により求めることができる．いま，切削試験により切削速度がそれぞれ V_1，V_2 のときの工具寿命を T_1，T_2 とすると，この場合の定数 n は次式により算出できる．

$$n = y/x = (\log V_1 - \log V_2)/(\log T_2 - \log T_1) \tag{2.19}$$

実際には，切削試験のデータはいろいろな原因でばらつくため，複数の試験結果をもとに対数直線回帰などの統計的処理を行うことが多い．工具切れ刃材料と工作物材料のいろいろな組み合わせに対して，この定数が求められデータベース化されていれば，寿命予測や切削速度の選択など多方面に利用できる．

図2.38は代表的な工具材料3種類についての工具寿命曲線の比較である[3]．高速度工具鋼は熱に弱く切削速度に敏感なのに対し，セラミックスは耐熱性にすぐれ切削速度の変化に鈍感であり，超硬合金はその中間にあることがわかる．

なお，実際に使用されている工具材料ごとの切削速度の目安は，2.6節の「切削工具材料」に示す．

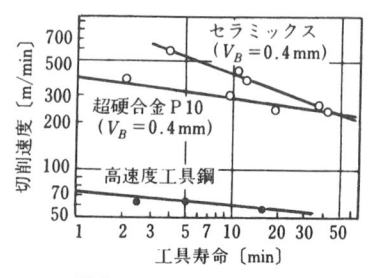

工作物：Ni-Cr-Mo鋼(SNCM39)
図2.38　工具寿命曲線の代表例[3]

一般に，工具と工作物の材料が定まれば寿命方程式の定数も定まるが，実用上は切削速度 V に応じて工具寿命 T をいちいち切削試験で求めるのはわずらわしい．そこで，目安となる工具寿命 T をあらかじめ定めておき，その時間に対応した切削速度 V を参考に加工する場合がある．目安となる工具寿命 T は，通常，60 min が多く，そのほか，90 min，240 min とすることもあり，それぞれの工具寿命 T に応じた切削速度 V を V_{60}，V_{90}，V_{240} と記す．

また，ATC機能を持つ最近のNC工作機械では，同じ工具を複数用意しておき，一つの工具が設定した寿命時間に達したとき，自動的に次の新しい工具を選択する機能も有している．

b．工具損傷

工具切れ刃の欠損やチッピングなどの脆性損傷は断続切削において顕著であるが，その発生メカニズムはいまだ不明な点が多い．しかもその現象は前兆をほとんど伴わずに起き，突発的でばらつきも多いため，その寿命予測や対策はきわめて困難である．

断続切削における工具寿命は，欠損やチッピングを起こすまでの断続切削回数 N_c で表現され，これを工具欠損寿命と呼ぶ．同一の切削条件であっても工具欠損寿命はばらつきが非常に大きく，疲労的な性質を有している[3]．

工具の摩耗や損傷は加工中に予測できるのが理想であるが，現実にはいまだ解明途上の現象も多く，困難である．そこで，最近の工作機械では，それを補完する目的でインプロセスセンシング技術を応用し，加工中に計測を行いながら工具の摩耗や損傷を診断することにより，加工を中断したり自動的に工具交換を行う

システムが開発され，一部，実用化もされている．

2.5.3 経済切削速度[3]

機械加工を行うとき，最も重要な課題は，すぐれた品質の部品を，高い経済性のもとで製作することである．加工部品の品質を満足することは必須条件であり，これに加え経済的観点から，加工部品を製作するために投じられた時間と費用が少ないほどその付加価値が高くなり，経済効率が良いことになる．

いま，切削条件のうち，1刃当たりの送り速度 f と切り込み a（$=t_1$ と同意）が一定で，切削速度 V を変数とする場合を考える．

部品1個当たりの加工時間 t は，実際に工具が切りくずを出している時間（実切削時間）を t_1，寿命に達した工具を交換する時間（工具交換時間）を t_2，直接切削に関与しない段取り時間やアイドリングタイム（準備時間）を t_3 とすると，その和である．

$$t = t_1 + t_2 + t_3 \tag{2.20}$$

一方，部品1個当たりの加工費用 c は，実切削費用を c_1，工具交換費用を c_2，工具費用を c_3，準備費用を c_4 とすると，その和で表される．

$$c = c_1 + c_2 + c_3 + c_4 \tag{2.21}$$

ここで，工具を1回交換するのに必要な時間を τ_0 とし工具寿命を T とすると，部品1個当たりの工具交換時間は

$$t_2 = \tau_0 \times t_1 / T$$

と表される．また，時間当たりの設備費や人件費を k_1，工具1個当たりの費用を k_2 とすると各費用はそれぞれ，

$$c_1 = k_1 \times t_1$$
$$c_2 = k_1 (\tau_0 \times t_1 / T)$$
$$c_3 = k_2 (t_1 / T)$$
$$c_4 = k_1 \times t_3$$

となる．Taylor の寿命方程式を，

$$T = c^{1/n} \times V^{-1/n}$$

とし，さらに，加工で除去する体積を S とすると，

$$t_1 = S / afV$$

となり，これらを式 (2.20)，(2.21) に代入すると，

$$t = S/afV + \tau_0 c^{-1/n} V^{1/n-1} S/af + t_3 \qquad (2.22)$$
$$c = k_1 S/afV + (k_1 \tau_0 + k_2) c^{-1/n} V^{1/n-1} S/af + k_1 t_3 \qquad (2.23)$$

が得られ，部品1個当たりの加工時間 t および加工費用 c は切削速度 V の関数として表せる．この式をグラフに表すと図 2.39 (a) および (b) となる．

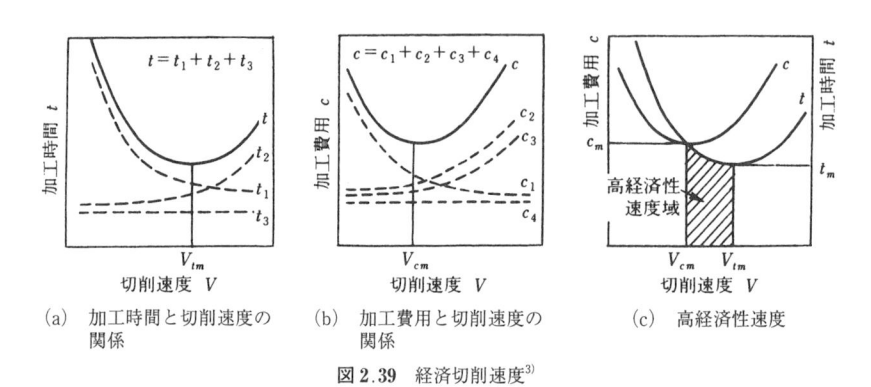

(a) 加工時間と切削速度の関係

(b) 加工費用と切削速度の関係

(c) 高経済性速度

図 2.39　経済切削速度[3]

部品1個当たりの加工時間 t は，図 2.39 (a) のように，切削速度 V が速くなると，実切削時間は減少するが，工具交換時間は増加し，加工時間が最小となる切削速度が存在する．これが最適切削速度 V_{tm} で，式 (2.22) より $\partial t/\partial V = 0$ として算出できる．また，部品1個当たりの加工費用 c の場合も同様に，図 2.39 (b) に示すように，加工費用が最小となる最適切削速度 V_{cm} が存在し，式 (2.23) より $\partial t/\partial V = 0$ として算出できる．

加工時間と加工費用が最小となる切削速度が最も経済効率が良いことになる．これを経済切削速度（economical cutting speed）というが，これらの式からわかるように，加工時間と加工費用が同時に最小となる切削速度は存在せず，一般に V_{tm} が V_{cm} より高速側となる．この両最適切削速度にはさまれた速度領域を高経済性速度域とよび，この領域内で高い経済性が発揮される．

2.5.4　切削温度

切削に際しては，①工作物を切削するときのせん断および切りくずの変形，②工具すくい面と切りくずの摩擦，③工具逃げ面と工作物仕上げ面の摩擦などの仕

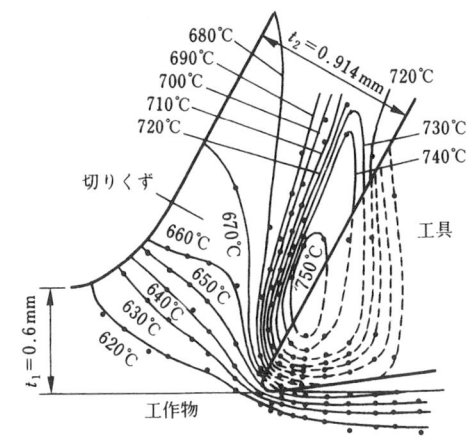

2.5 切削速度

図2.40 切削時の切れ刃付近の温度分布実測値 (G. Boothroyd)[4]

低炭素鋼
すくい角 30°
逃げ角 7°
切り込み 0.6 mm
切削幅 6.3 mm
切削速度 22.5 m/min
乾切削
予熱温度 611℃

事が工具切れ刃付近でなされ，これらの仕事により消費された動力は，工具切れ刃付近で集中してすべて熱量となる．発生した熱量は，①切りくずが持ち去る一方，②工作物へ伝わるとともに，③一部は工具から工作機械へ伝わり，その発熱と放熱の釣り合いで工具刃先がある温度となる．この温度が切削温度である．切削速度の上昇とともに切削温度も上昇するが，切削温度が高温になれば，工具刃先の硬度が低下し，刃先が切りくずや切削面による摩擦で摩耗しやすくなる．図2.40に低炭素鋼を平削りで2次元切削したときの温度分布の実測例を示す[3]．バイト上面付近で750℃，切れ刃近くで670℃，刃先全体では700℃以上の高温となっている．図2.41に各種工具材料の高温特性を示すが，高速度工具鋼でもこの刃先付近の温度では硬度が低下していて，刃物としては使用できない状態であることがわかる．

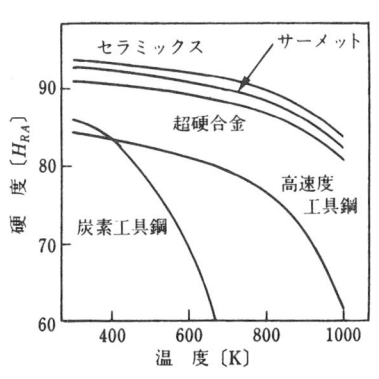

このように刃先付近の温度上昇は，工具の摩耗すなわち工具寿命に密接な関係があり，さらに，工作物や工具，ひいては工作機械の熱変形にも影響し，加工精度の低下

図2.41 各工具材料の高温硬度特性 (F. W. Wilson)

をもひき起こす．したがって，切削による発熱の現象を解明することは重要である[4]．

2.5.5 切削速度が「0」となる加工

バイトでの旋盤加工や正面フライスによる加工では，通常，切削点は工作物外周上，あるいは工具の外径切れ刃上の1点のみで，切削速度は式 (2.17) で表現できる．しかし，ドリルやボールエンドミルのように，半径方向に連続して切れ刃を持った回転工具では，便宜上，切削速度は工具の最外径切れ刃での接線速度で表現しているものの，実際の切削速度は，工具の最外径切れ刃から回転中心まで連続して変化している．そして，回転中心では工具がどれだけ速く回転しようが，切削速度は「0」，すなわち切削していない領域が存在している．

ドリルに使用される工具材料がいまだに高速度工具鋼中心である理由の一つが，回転中心付近での切削速度が遅く，超硬合金に最適の切削速度まで達しないため，超硬合金では十分な切削能力を発揮できないどころか，切削にマイナスの要因となるためである．最近のニューポイントドリル[10]と称する超硬合金ドリルなどは，ドリルのチゼル部の切れ刃をなくし，中心付近での加工をしないようにしている．

ボールエンドミルでの加工では，工具回転軸を加工面と垂直に立てた場合，回転中心の切削速度が「0」の位置でも加工しなければならなくなる．このような不具合を解消するために，最近の5面加工機などで主軸を傾斜できる機構を有している工作機械では，工具回転軸（主軸）を加工面に対して約15〜45度傾け，工具回転中心付近の切れ刃を使用しないでボールエンドミルでの加工を行う工夫をしている．通常のマシニングセンターでも主軸先端部に傾斜アシキュラーミーリングアタッチメントを装着すれば，同様の加工が可能となる．図2.42にボールエンドミルでの加工の要点を示す．

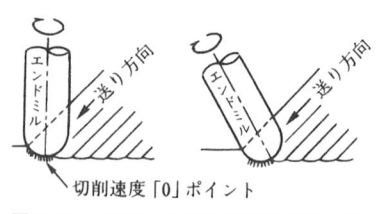

図2.42 エンドミル加工で切削速度の「0」を避ける方法

2.6 切削工具材料

切削に使用する工具の刃先材料は，次の条件を備えていなければならない．

2.6 切削工具材料

① 工作物材料より硬いこと（4倍以上は必要）．
② 高温で硬さが低下しないこと．
③ 耐摩耗性が大きいこと．
④ 切削抵抗に耐えるだけ強靱であること．
⑤ 刃先形状が整形しやすいこと．
⑥ 安価であること．

①から④が基本的に具備すべき条件である．そのうち，①の硬度と④の靱性は相反する特性のため，加工目的に応じて適切な選択が重要である．⑤と⑥は，どちらかといえば，補助的な条件となる．

これらの条件にもとづき，今日までに開発されている切削工具材料（cutting tool material）には次のような種類がある．

① 炭素工具鋼（carbon tool steel）：JIS規格材料記号「SK 1〜7」．
② 合金工具鋼（alloy tool steel）：JIS規格材料記号「SKS 2〜95 他」．
③ 高速度工具鋼（high speed tool steel）：一般に"ハイス"と呼ばれ，「HSS」と略称される．JIS規格材料記号「SKH 2〜59」．
④ 超硬合金（sintered carbide または cemented carbide）
⑤ サーメット（cermet）
⑥ セラミックス（ceramics）
⑦ コーテッド工具（coated tool）
⑧ 立方晶窒化ホウ素（cubic boron nitride）：一般に「CBN」と略称される．

表2.6 各種工具材料の諸性質（代表値）[3]

性質	工具材種	高速度工具鋼(W系)	超硬合金 (K系)	超硬合金 (P系)	サーメット	セラミックス Al_2O_3	セラミックス Al_2O_3-TiC	CBN	ダイヤモンド
密度	〔g/cm^3〕	8.7〜8.8	14〜15	10〜13	5.4〜7	3.9〜3.98	4.2〜4.3	3.48	3.52
硬度 H_{RA}	〔一部 H_V〕	84〜85	91〜93	90〜92	91〜93	92.5〜93.5	93.5〜94.5	45 (H_V)	>90 (H_V)
抗折力	〔MN/m^2〕	2000〜4000	1500〜2000	1300〜1800	1400〜1800	400〜750	700〜900	—	—
ヤング率	〔GN/m^2〕	210	610〜640	480〜560	390〜440	400〜420	360〜390	710	1020
熱伝導率	〔$W/m\cdot K$〕	20〜30	80〜110	25〜42	21〜71	29	17	130	210
線膨張率	〔$\times 10^{-6}/K$〕	5〜10	4.5〜5.5	5.5〜6.5	7.5〜8.5	7	8	4.7	3.1
破壊靱性 K_{IC}	〔$MN/m^{3/2}$〕	18〜30	10〜15	9〜14	—	3〜3.5	3.5〜4	—	—

⑨ ダイヤモンド (diamond)

このうち，炭素工具鋼と合金工具鋼は，硬度とくに高温での硬度が低いため，現在では木工用工具やタップ，ダイスなどを除いてほとんど使用されていない．

現在使用されている代表的な工具材料の物理的・熱的性質を表2.6に示す．また，図2.41（2.5.4項）に代表的な工具材料の高温硬度特性を示す．

図2.43は，現在使用されている代表的な工具材料の切削特性を切削速度と送りの関係で示したものである．ここで，高温硬度の高い材料ほど高速切削に向き，靱性の高い材料ほど高送り切削に適する．

しかし，図2.43からもわかるように，高硬度と高靱性を兼ねそなえた工具材料は現在のところ存在しない．したがって，加工目的に応じて適切な工具材料の選択が重要となる．

以下，個々の工具材料について特徴を明らかにするが，実際に使用する場合の使用条件や各材料の組成などの具体的なデータは，JIS規格や各工具メーカーが出している技術資料などに詳細に記述されているので参照するとよい（たとえば，東芝タンガロイ社の「タンガロイ切削工具」など）．

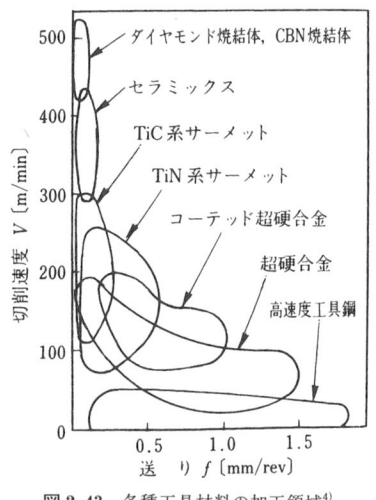

図2.43 各種工具材料の加工領域[4]

2.6.1 高速度工具鋼（ハイス）

1900年にF. W. Taylorによって開発された合金工具鋼の一種で，高い靱性と適度な硬度をもった工具材料である．この材料が開発されるまでは，合金工具鋼では切削速度がせいぜい数 m/min であったものが，数十 m/min にまで画期的に増加させることができたため，高速度工具鋼と名づけられた．

高速度工具鋼は，切削温度が600℃を超えると硬さが低下する欠点があるが，靱性が高いので，ドリルやタップなど比較的低切削速度で使用する複雑な形状の工具に向いている．近年，徐々に超硬合金に置き換わってきてはいるが，いまでも超硬合金とともに最も重要な工具材料である．

最近，粉末冶金法で炭化物をより微細化・均質化したPMハイス（パウダーメタル）が開発された．従来の溶融ハイスと超硬合金の間の性質を埋めるもので，より耐摩耗性を高め高靭性としたものである．金型などの高硬度化する材料を過酷な切削条件で加工するエンドミルなどに広く使用され始めている．

2.6.2 超硬合金

1926年にドイツのクルップ社から「widia」の商品名で発表された合金で，これまでの溶融合金とは異なり，粉末冶金法でWの炭化物WC（タングステンカーバイド）をCoを結合材として焼結した合金である．高速度工具鋼に比べ高温硬度がはるかにすぐれ，切削温度が1000℃に達しても硬さは低下しないため，切削速度を100〜200 m/minまで上げることが可能となった．

超硬合金が開発されたことにより切削加工は大変化をもたらし，工作機械の画期的な発達を促した．一般に超硬合金は硬度は高いが脆いので，工作機械は振動の発生を抑制するために高剛性化し，しかも切削速度の飛躍的な増加のため高速化に対応する構造に変化した．

現在，超硬合金は数々の改良が加えられ，各作業に適するようにさまざまな性質のものが用意されている．その選定に当たっては，JIS B 4053に規格化されており，使用区分記号としてP，M，Kの3系列が作業用途別に規定され容易に選択できるようになっている．

近年，超硬合金の脆さを補う目的で，WCを微粒化した超微粒子超硬合金（マイクロアロイ）が開発され，PMハイスとともに高速度工具鋼と超硬合金の間を埋める工具材料として注目されている．マイクロアロイの粒径は微細で，硬さ，抗折力とも非常に高く，切れ刃の強度が必要なエンドミルやホブのような重切削・断続切削用に，また$\phi 0.05$ mmという微細ドリル用に広く使用されている．

2.6.3 サーメット

1945年（第2次大戦末期）にドイツでタングステン資源対策として作られたが，靭性面で劣ったため普及しなかった．1965年頃，靭性を改良したものが日本で市販されるようになった．

WC-Co系の合金を一般に超硬合金と呼んでいるが，主成分であるWCをTiC

に，CoをNiに置き換えたTiC-Ni系合金をサーメットと呼んでいる．サーメットは，各種炭化物，窒化物，ホウ化物，ケイ化物などの焼き物（ceramics）を金属（metal）で結合した複合材で，この二つの言葉を合成した和製英語が"cermet"である．超硬合金もサーメットも炭化物の金属による焼結体という点では同じであるため，もともと海外では両者を区別していなかったが，この分野では日本が世界をリードしており，現在は世界的にもサーメットで通用する．

超硬合金よりも硬く，鉄との親和性が小さいので耐摩耗性にすぐれているが，靭性は劣るのが特徴である．

サーメットには，炭化物系と窒化物系がある．炭化物系サーメットは，TiCやTaCを主成分とし，Ni，Mo，Coを添加することで脆さを改善し，耐摩耗性を高めている．主に鋼の仕上げ加工に使用される．窒化物系サーメットは，TiCやTiN，TaNを主成分とし，Ni，Mo，Coを添加した1μm以下の微粒子で構成されている"超微粒子サーメット"と呼ばれているもので，靭性，耐熱性が改善された．鋼の切削全般のほか，過酷なフライス加工にも使用されている．

切削速度は，超硬合金よりもさらに速く，300 m/min まで可能である．

2.6.4 セラミックス

もともとセラミックスは陶磁器などの焼き物を指す言葉であるが，工業材料ではファインセラミックスと称される高純度原料で作られる焼結材料を指す．

切削工具用としてのセラミックスは，その高い耐摩耗特性に注目して開発されたもので，1947年頃，旧ソ連で発表された"ミクロライト"が最初である．

一般にセラミックス工具は，Al_2O_3（酸化アルミニウム＝アルミナ）を主成分にした焼結体を指す．その色から，99%以上がAl_2O_3の純アルミナ系セラミックスは"白セラ"，30%程度TiCを含むAl_2O_3-TiC系セラミックスは"黒セラ"と俗称され，後者のほうが硬度・靭性ともにすぐれている．セラミックスは，超硬合金よりさらに高い硬度をもつ反面，靭性がかなり劣る欠点があるので，軽切削・高速切削に適する．セラミックスの切削速度は，一般的には，300～500 m/min 程度で，超硬合金の2～3倍という高速切削が可能である．

"白セラ"は，鋳鉄部品の高速仕上げ加工に多用され，その切削速度は，1000 m/min にも達することもある．"黒セラ"は，鋳鉄の粗加工やフライス仕上げ加

工用として利用されているが，水溶性切削剤を使用すると，熱き裂が生じる場合があるので注意が必要である．

最近，従来の Al_2O_3 系のセラミックスに対し，靭性向上を目指した高純度，極微粒，高品質の Si_3Ni_4 や SiC 系のニューセラミックスが開発された．変形への抵抗性や耐食性にすぐれ，高温での強さにもすぐれている．インコネルなどの耐熱合金の切削に使用すると境界摩耗が少なく 50～60 m/min 程度の切削速度で寿命が伸び良好であるが，反対に，鋼の切削には摩耗が多く適さない．

2.6.5 コーテッド工具

コーテッド工具は，高速度工具鋼や超硬合金を母材として，その表面に TiC，TiN，Al_2O_3 などのセラミックスを化学的または物理的な蒸着方法により，数 μm の厚さに強固にコーティングした複合工具材料で，高速度工具鋼や超硬合金の特徴である高靭性に加え，セラミックスの高硬度で摩耗に強く，熱や化学的な変化に強い特徴も併せ持つ理想的な刃物特性を有している．

1965 年頃，ドイツのルッベルトが超硬合金に化学的表面処理をすることを提唱したのが始まりで，その後，急速に進歩を遂げた．高速・高送り切削が可能となる工具として，現在では超硬工具の約半分がコーテッド工具化され，高速度工具鋼にも応用できることから，ドリルなど複雑な形状の工具にも普及している．コーテッド工具はコーティングツールあるいは被覆工具ともよばれる．

コーティング方法には CVD 法と PVD 法の 2 種類があり，それぞれ目的に応じて使い分けられている．

(1) CVD (chemical vapor deposit，化学的蒸着)：成形した超硬合金の母材を炉内で 1000℃ 程度に加熱し，水素還元や熱分解などの化学的反応で表面にセラミックス化合物をコーティングさせる方法である．TiC，TiN，Al_2O_3 などの純度の高い被膜を 2～15 μm 程度コーティングする．最近は，数種類の化合物を多層コーティングし，クラックやはく離・摩耗といった各化合物の欠点を相互に補間する複合層（コンポジットコーティング）としたものが増えている．

(2) PVD (physical vapor deposit，物理的蒸着)：めっきの要領（電気的方法）で母材表面にイオンを発生させ，化合物をコーティングする方法である．一般に 500℃ 以下の温度でコーティングするため，CVD 法のように反応温度は高く

なく，鋼や高速度工具鋼のように高温で刃先が軟化したり強度低下する母材や，超硬合金でも母材精度変化や脆弱化が許されない場合に適用される．コーティング層の厚みは，1〜5μm 程度である．

2.6.6 立方晶窒化ホウ素（CBN）

CBN は，天然には存在しない物質で，人工ダイヤモンドと同じく高温，超高圧下（1300℃，5 GN/m^2）で合成される．結晶構造もダイヤモンドとほぼ同じで，ダイヤモンドが炭素（C）で構成されるのに対し，CBN はホウ素（B）と窒素（N）で構成される．硬さはダイヤモンドのほぼ 1/2 程度であるが，SiC や Al$_2$O$_3$ ほぼ 2 倍で，ダイヤモンドに次いで硬い物質である．熱伝導率が高く熱膨張係数が小さいことに加え，高温での耐酸化性が良いという．ダイヤモンドよりもすぐれた性質を持つ．

CBN 結晶粒は 1957 年アメリカの GE 社が最初に合成に成功し，その後，研削用といしの粒として使用されてきた．1972 年，同社が Co や Ni を結合材とし，他の炭化物や窒化物を加えて焼結し，CBN 焼結体工具として市場に出した．

焼結 CBN の硬さは従来の工具よりはるかに高く，靭性はセラミックスよりは高いが超硬合金より低い位置にある．表 2.7 に焼結 CBN と他の工具材料の機械的，物理的な性質の比較を示す．ダイヤモンドで鉄系材料を切削すると化学的に反応し黒鉛化してしまうが，焼結 CBN は空気中で約 1300℃ まで酸化せず，鉄との反応が起こりにくい利点があり，超合金（スーパーアロイ）や鋳物，焼結金属の機械部品の加工など幅広い用途がある．CBN 焼結体工具を使用すると，従来は研削加工しかできなかった $H_{RC}=60$ 以上の高硬度焼き入れ鋼を，100 m/min の速度で切削することが可能である．

一方，焼結 CBN チップは従来の工具よりも高価であり，通常，使い捨てにせ

表 2.7 焼結 CBN と他の工具材料の機械的・物理的性質[4]

特　性	CBN 焼結体	Al$_2$O$_3$ 系セラミックス	超硬合金 K 10
硬さ H_V 〔kgf/mm^2〕	3000〜4000	1800〜2000	〜1800
抗折力 〔kgf/mm^2〕	100〜140	70〜90	180〜200
破壊靭性 〔MN/m$^{3/2}$〕	5〜9	3〜5	10〜13

ず再研磨して使用している．

2.6.7 ダイヤモンド

ダイヤモンドを金属加工用工具として使用したのは 18 世紀始めといわれているが，本格的な使用は，1955 年，GE 社で人工的にダイヤモンドを合成する技術が開発されてからで，以来，ダイヤモンドといしのと粒として供給されてきた．1973 年，同社が"ダイヤモンドコンパックス"の名前でダイヤモンド焼結体を発表し，切削工具への利用が本格的に始まった．焼結ダイヤモンドは，人工ダイヤモンド微粉末を超高圧で合成し，Co やセラミックスを添加物として，高温・超高圧下（1400℃，$4.5\,\mathrm{GN/m^2}$）で焼結して製造する．焼結ダイヤモンドは単結晶のものに比べ，異方性がなく，組織が均一で高い耐摩耗性と耐欠損性を持っている．さらに，超硬合金やセラミックのような硬質材料の切削も可能となり，大幅な能率向上が図れるようになった．

ダイヤモンドは，結晶も焼結品も高温硬度が高く高速切削が可能で，仕上げ面の良好なものが得られ，構成刃先が生じにくい特徴がある．しかし，通常の切削温度で Fe や Ni，Co を含む金属と化学反応しやすく，これらを含む鉄系金属や耐熱合金の加工には向かない．そこで，Al や Cu といった非鉄金属，プラスチックやゴムなどの非金属材料の切削に利用されている．Al 合金，とくに Al-Si などの非鉄面硬度金属の精密切削（鏡面加工など）に適し，5 μm 以下の仕上げ面粗さを保証して，60 分寿命切削速度 V_{60} = 800 m/min で加工している．また，近年注目されているマイクロ加工には欠かせない工具材料でもある．

焼結ダイヤモンドも焼結 CBN チップと同様，超硬合金の 10 倍以上と高価であり，使い捨てにせず再研磨して使用している．

1980 年代の始め，CVD 法によるダイヤモンドの合成が開発され，最近では超硬合金やセラミックスの母材にダイヤモンドをコーティングした工具も市販されており，自由な形状に焼結できるため，加工形態に合わせた最適な工具形状を実現できる．用途は，ダイヤモンド工具と同じく非鉄金属・非金属材料の切削であるが，グラファイトを加工した例では，超硬合金工具に比べて仕上げ面粗さも良好で寿命も 10 倍以上に伸びる結果を得ている．

2.6.8 工作物材質と切削工具材料

切削工具材料の種類別にその特徴を述べてきたが,いくら工具材料が単独で切削工具として具備すべき条件を備えていても,加工される工作物の材質との物理

表2.8 工作物材質と切削工具材種の組み合わせの適否[4]

工具切刃材種		工作物材料							
		炭素鋼合金鋼	ステンレス鋼	鋳鉄	Ti合金	Ni基, Co基耐熱合金	高硬度材	Alなど非鉄金属	非金属
超硬合金	P種	○	○	× 逃げ面 摩耗大	× 逃げ面 摩耗大 境界摩耗大	× 逃げ面 摩耗大 境界摩耗大	× 逃げ面 摩耗大	K種と比べてチッピングしやすい	△ K種と比べてチッピングしやすい
	K種	× すくい面 摩耗大	× すくい面 摩耗大 溶着大	○	○	○	○	○	○
コーテッド超硬	CVD	○	○	○	× 逃げ面 摩耗大 塑性変形大	○	× 塑性変形大	× 表面荒く 溶着大 シャープエッジができない	× シャープエッジができない
	PVD	○ P(M)種母材	○ P(M)種母材	○ K(M)種母材	○ K種母材	○ K種母材	○ K種母材	○ K種母材	○ K種母材
サーメット		○	△ 境界摩耗大だが仕上げは可	△ 黒皮・チル面はチッピングしやすい	△ 境界摩耗大 熱伝導悪く高温	△ 境界摩耗大 熱伝導悪く高温	× 刃先強度が弱く仕上げのみ可	K種と比べてチッピングしやすい	切刃の信頼性がK種に劣る
セラミックス	Al₂O₃	△ ただしチッピングしやすい	× 境界摩耗大	○ チッピングしやすいが仕上げは可	× 境界摩耗大 熱伝導悪く高温	× 境界摩耗大 熱伝導悪く高温	○	× シャープエッジができない	× シャープエッジができない
	Si₃N₄	× すくい面 摩耗大 逃げ面 摩擦大	× 境界摩耗大	○	× 境界摩耗大 欠損しやすい	× 境界摩耗大	× 逃げ面 摩耗大	× シャープエッジができない	× シャープエッジができない
	SiCウィスカ入り	× 逃げ面 摩耗大	× 境界摩耗大	○	× 境界摩耗大	○	× 逃げ面 摩耗大	× シャープエッジができない	× シャープエッジができない
CBN焼結体		× すくい面 摩耗大 逃げ面 摩擦大	× すくい面 摩耗大 逃げ面 摩擦大	○ (CBN量中)	× 境界摩耗大	○ (CBN量多)	○ (CBN量少)	× 溶着大	× ダイヤモンドと比べて寿命短い
ダイヤモンド焼結体		× 工作物と反応しやすく損傷大	× 工作物と反応しやすく損傷大	△ 低温の湿式仕上げのみ可	△ 刃先強度が弱く仕上げのみ可	△ 工作物と反応しやすく損傷大	× Fe系, Co基, Ni基反応しやすい	○	○

的・化学的な親和性，言い換えれば，工作物材質と切削工具材料の相性が悪ければ，良い加工結果は得られない．工作物を切削加工する場合には，その材質と切削工具の切れ刃材質との組み合わせの適否が重要となる．実際の加工を計画あるいは実行するときの一助となるよう，表2.8に代表的な工作物材質と切削工具材種の組み合わせの適否を示す．

2.7 工具の損耗

工具は，切削時間の経過とともにダメージを受け，切れ刃の状態を変化させていき，ついには使用不能な状態に達する．2.5.2項ではそれを摩耗と損傷という二つの形態に分け，工具寿命時間の観点でみてきた．ここでは，摩耗と損傷という時間経過による工具の劣化を総称して"工具損耗"（tool damage）とし，その具体的な形態を示すこととする．

2.7.1 工具損耗の種類

工具の損耗は，摩耗と損傷に大別され，後者は脆性損傷と塑性変形に分けられ，これらの損耗状態を放置したまま切削を続けると工具切れ刃の完全損傷に至る．これらは表2.9に示すようにさらに細分化される．ここでは，各種損耗の形態の特徴を述べる．

a．摩　　耗（wear）

工具摩耗は，切りくずや工作物との接触で工具切れ刃が徐々に損失する現象であり，すくい面摩耗（face wear）と逃げ面摩耗（flank wear）に分けられる．すくい面摩耗は，切りくずの接触で切れ刃のすくい面に生じる凹み（クレータ）状の摩耗で，その形からクレータ摩耗と称することもある．

逃げ面摩耗は，おもに工作物との接触で生じる摩耗で，刃先ノーズ部が摩耗する先端摩耗，切削に寄与する切れ刃部全体が摩耗する平均摩耗，切れ刃の切削に寄与する部分と切削していない部分の境目で摩耗する境界摩耗がある．

工具摩耗の進行状況は，図2.44に示すように，摩耗部分の幅や深さを長さの単位で評価し，摩耗体積や重量は用いない．その中でも，平均逃げ面摩耗幅 V_B，最大逃げ面摩耗幅 $V_{B\,max}$，およびクレータ深さ K_T は，2.5.2項に述べた工具寿命を判定する上で重要な項目である．

表 2.9 工具損耗の分類

工具損耗	摩耗	すくい面摩耗(クレータ摩耗)		先端摩耗 / すくい面摩耗 スクラッチ(切りくず擦過痕)
		逃げ面摩耗	先端摩耗	
			平均摩耗	境界摩耗(溝状摩耗) / 逃げ面摩耗
			境界摩耗(溝状摩耗)	
	損傷	脆性損傷	欠け	チッピング(切れ刃エッジの小さな欠け)	切れ刃外チッピング / チッピング
				切れ刃外チッピング(切りくずによる欠け)	(切りくずによる欠け) / 切れ刃エッジの小さな欠け
				欠損(切れ刃エッジの大きな欠け)	破損(チップ全体の破損) / 欠損
				破損(チップ全体の破損)	切れ刃エッジの大きな欠け
			き裂	疲労き裂	熱き裂 / き裂 / 疲労き裂
				熱き裂(サーマルクラック)	
			フレーキング(はく離)		はく離
		塑性変形			塑性変形 / 沈み込み / せり出し
		完全損傷			完全損傷
			折損(ドリル・エンドミルなど長物の破損)		

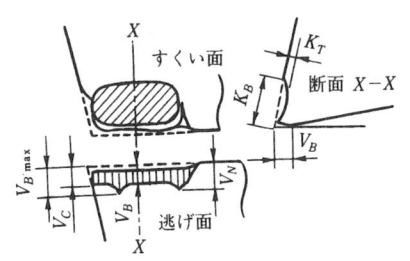

V_B：平均逃げ面摩耗幅, $V_{B\mathrm{max}}$：最大逃げ面摩耗幅, V_C：ノーズ部摩耗幅, V_N：境界部摩耗幅, K_T：クレーター深さ, K_B：クレーター幅

図2.44 工具摩耗各部の定義（主要なもの）

b. 脆性損傷 (brittle failure)

2.5.2項でも述べたが，脆性損傷は突発的に発生し，前兆現象を伴わないため，それを検出するのがきわめて困難である．脆性損傷は，欠け，き裂，およびはく離に分類される．

欠けは，それぞれ，チッピング (chipping)，欠損 (fracturing)，破損 (breakage) に分けられ，ともに同様の脆性破壊機構によるもので，その規模が異なるだけである．チッピングは細かく刃こぼれしている状態で，続けて切削ができる．欠損は，切れ刃部の大きな欠け（切り込みの1/10程度以上）で，切削の続行は困難となる．破損は，刃先を含む大規模な欠けで，続けて切削ができないばかりか研磨による再生も不可能な状態をいう．きわめて小さなチッピングは摩耗との区別がつけにくい．また，バイトなどで切りくずの接触によって切れ刃以外のシャンク部にチッピングが生じる場合があり，通常のチッピングとは区別して，切れ刃外チッピングと呼ぶ．

き裂 (crack) には，疲労き裂 (fatigue crack) と熱き裂 (thermal crack) がある．両者ともフライスやホブなど断続切削を行う場合に生じることが多い．き裂は断続切削時に，切れ刃に作用する繰り返し応力によるもので，疲労き裂は主切れ刃にほぼ平行に，熱き裂はほぼ直角に入る．疲労き裂は，工具材料の靭性が不足しているとき，機械的繰り返し応力によって発生する．熱き裂は，断続切削による切れ刃温度の上昇と冷却の繰返し熱応力により発生する．したがって，熱膨張率と弾性率が大きく，熱伝導率の小さな工具材料ほど熱き裂が発生しやすい．き裂は，最初は小さく，断続切削回数が増加するに従って成長・伝播し，最終的

には破壊に至り切削不能となる．最終破損に至るまでの繰り返し回数 N_c を工具欠損寿命ということは2.5.2項でも述べたが，数百回程度の早い段階で起こるものを，とくに初期欠損と呼んでいる．

はく離 (flaking) は，潜伏していたき裂が深さ方向に成長せず，表面に平行に成長して鱗片状に切れ刃表面から離脱する損傷をいう．

c．塑性変形 (plastic deformation)

これは，切削温度の上昇により刃先の高温強度が低下し，塑性変形して"だれ"を生じ，刃先が鈍化する劣化現象である．工具材料の損失はないが，刃先が後退したり逃げ面の"せり出し"などが起こる．高温硬度が劣る高速度工具鋼での切削において，しばしば見られる現象である．超硬合金でも無理な切削をすると生じる場合がある．切削条件，とくに切削速度の選定に注意する必要がある．

d．完全損傷

工具の損耗が進行しているにもかかわらず，これらの損耗状態を放置したまま切削を続けると，切削断面積相当部分全体の喪失が起こり，切削不可能な状態となる．これを完全損傷という．

折損は，ドリルやエンドミルなどの細長い回転工具で，工具切れ刃部以外が折れることをいう．切れ刃の摩耗による切削トルクの増大や疲労破壊が原因と考えられるが，ドリルの場合は，切りくずの排出が正常に行われず，ねじれ溝が目詰まりを起こすことでも起きる．

2.7.2 切削速度と工具損耗の関係

工具損耗を前項では，便宜上，摩耗と損傷という形に分けたが，実際には程度の差はあっても両者は同時進行し，その度合いは，切りくずなどによる機械的摩擦や切削熱の大小に深くかかわっており，それらはおもに切削速度に起因する事象である．

切削速度の変化が工具刃先の損耗に大きく影響している一例を図2.45に示す．図はニッケルクロム合金鋼を工作物とし，超硬合金（P 30相当）を工具材料として，切削速度10～600 m/min まで変化させて切削したときに生じた切れ刃の代表的な損耗を表している[4]．

① 10～15 m/min の低速域で切削した場合，切れ刃エッジの多くが欠損（初

2.7 工具の損耗

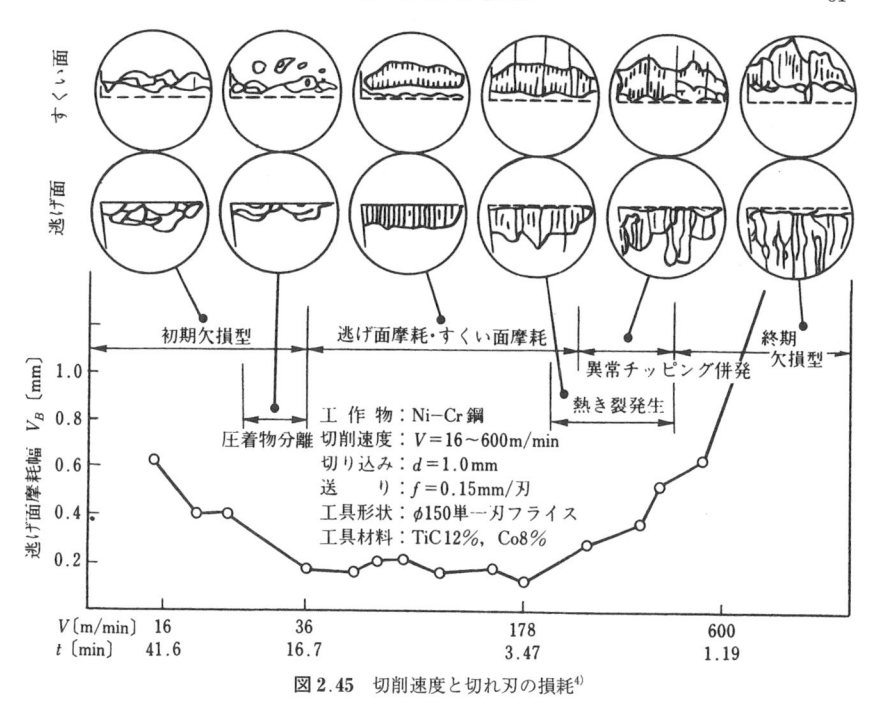

図2.45 切削速度と切れ刃の損耗[4]

工　作　物：Ni-Cr鋼
切削速度：$V = 16\sim600$ m/min
切り込み：$d = 1.0$ mm
送　　り：$f = 0.15$ mm/刃
工具形状：$\phi150$単一刃フライス
工具材料：TiC 12%, Co 8%

期欠損）し，工作物の加工面が荒れ，加工寸法の安定が保てなくなる．これは，工具損耗のメカニズム上，物理・化学的作用よりも力学的作用のほうが切れ刃に大きな負担をかけるためで，工具材料の靱性不足によるものである．

② 切削速度を20～30 m/min に上げると，切れ刃上面に切りくずの一部が付着し，これが切削の進行につれ次第に成長し，ついには切れ刃上から脱落して，切りくずと一緒に持ち去られる．このとき切れ刃上の組織の一部も共に持ち去られ，工具の切れ刃上には貝殻状のはく離欠損が発生する．この付着物は，切削速度が低速の場合には工作物の組織と同じく柔らかいが，高速になると切削中の急激な加工硬化作用できわめて硬い堆積物となり，刃先近くに堆積する．これが"構成刃先"（build-up edge）である．低速側で発生する堆積物を圧着物，高速側で発生する堆積物を溶着物と区別している．

通常の切削では構成刃先の発生は嫌われるが，これを切れ刃の一部として積極的に活用する方法もある．たとえば，切れ刃エッジに安定して堆積・付

着するため，切れ刃エッジにネガランドという平らな面を作る場合である．
③ 切削速度を35mから50m，100m/minと上げていくと，切れ刃の損耗は急激な変化は見せず，時間の経過とともに徐々に進行する安定領域に入る．この切削速度領域が，この工具材料の適正な使用範囲ということになり，ここで工具の損耗の程度を管理しながら切削を行えば，工作物も工具も十分にその能力を発揮することができる．この条件域は，工作物，工具，加工雰囲気によって異なるので，その特性を十分理解して設定する必要がある．
④ 切削速度をさらに120m，150m，200m/minと上げていくと，加工面との接触により工具逃げ面に摩耗が，また，切りくずの擦過摩耗によりすくい面の凹状のクレータ摩耗が発生し，その成長により切れ刃の欠損をまねくこととなる．この現象は，工具刃先が高温となり工具硬度が劣化することと，凝着・拡散により物理・化学的反応生成物が持ち去られることで生じる．
⑤ さらに切削速度を250m，300m，500m/minと上げていくと，切れ刃にき裂が生じ，そのため工具は欠損する．き裂は最初に切れ刃に直角に入り，そのまま使用すると切れ刃に平行にもき裂が入り，欠損する．高速切削により急激な高熱が生じ，刃先表面が激しく熱せられてその部分だけ膨張する．そして，加工終了後，表面は急激に冷えて収縮する．その膨張・収縮を繰り返すことにより，刃先表面は熱的に疲労劣化し，き裂が発生する．

このように工具材料は，使用条件，とりわけ切削速度に非常に敏感であるので，切削条件の設定は十分考慮の上，設定する必要がある．また，現在使用している工具材料が現在の条件に合っているかどうかも，その刃先損耗状態を調べることで判明する[4]．

実際の作業では，工作物の材質によってあらかじめ工具材料を決め，それに適した切削条件の設定を行う場合と，加工時間の制約から切削条件がまず決定され，その後，工具材料を設定する場合がある．いずれの場合も，工具はその材質やメーカーによってさまざまな特徴の違いがあるので，詳細な検討は各工具メーカーのカタログを参考に決定するのがよい．また，切削途中に発生する工具の損耗や切りくずの形状などのトラブルについてもこれらを参考にすると解決の糸口がつかめることが多い．

2.7.3 ホーニング

ホーニング（honing）は，切れ刃の強度を保持するための刃先処理で，図2.46に示す形に切れ刃エッジを加工する．

「鋼削りにはホーニングを」といわれるように，超硬合金を工具材料とするとき，ホーニングは，微小な刃こぼれを防ぎ，断続的な切れ刃への衝撃に対する切

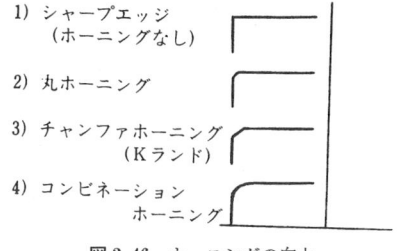

1) シャープエッジ
 （ホーニングなし）
2) 丸ホーニング
3) チャンファホーニング
 （Kランド）
4) コンビネーション
 ホーニング

図2.46 ホーニングの向上

れ刃の保護に効果的である．ろう付けチップで鋼を切削する場合，ホーニング幅は通常送り量の50～80％を目安に行う．スローアウェイチップの場合は，工場出荷時にすでにホーニングを行っており，ホーニングを行っていないものも含め，ホーニングの形状を選択できる．通常，0.05～0.15 mm程度の丸ホーニングが施されている．ただし，Al合金のように柔らかく溶着しやすい工作物の場合は，ホーニングしないほうがよい．

2.8　切削仕上げ面の性質

切削の良否を"被削性"（machinability）といい，現場の作業者は切削加工を行うとき，これを確保するため次の点に注意を払いながら作業を進める．
① どのような切りくずが出ているか（切りくず形態と処理性）．
② 工作機械に過負荷がかからないか（切削抵抗と切削動力）．
③ 工具寿命はどうか（工具損耗と工具寿命）．
④ 工作物の切削面はどうなるか（加工精度と仕上げ面の状態）．

この中で，切りくずの形態，切削抵抗と切削動力，工具損耗と工具寿命については前節までに述べてきた．ここで検討する仕上げ面の状態と加工精度は，使用目的に合致した良好な加工部品（製品）を供給するうえで，直接影響を及ぼす最も重要な項目である．

このうち，加工精度は，部品の長さ，幅，直径などの寸法精度と，真直度，真円度，円筒度，平面度などの形状精度をいう．これは，2次的には切削抵抗と切削動力とのかかわりがあるが，1次的には工作機械の精度および剛性との関連が強い．なお，その内容は工作機械関連の図書にゆずる．

仕上げ面の状態は，部品として使用されるときの機能に重大な影響を及ぼす．たとえば，はめ合いやシール性，摺動部の摩擦・摩耗，疲労強度や耐食性など部品の耐久性，製品価値を高める外観上の見栄えなどである．仕上げ面の状態の特性は，幾何学的なものと，物理的・化学的なものとに大別される．

2.8.1 仕上げ面の幾何学的特性

仕上げ面の幾何学的な特性は，仕上げ面粗さ（machined surface roughness）で特徴づけられる．仕上げ面粗さは，通常，触針式の粗さ計で測定され，その表示方法は JIS B 0601 で定められている．表面粗さの測定方法の詳細は，計測関係の図書を参照のこと．

a．幾何学的理論粗さ

工具の刃先形状が計画とおりに成形され，工具切れ刃と工作物の間の相対運動が指示どおりに行われるならば，切削時の仕上げ面の凹凸は切れ刃の運動の軌跡として創成される．すなわち，理想的な加工状況では，仕上げ面粗さは，幾何学的に決定される．これを幾何学的理論粗さという．

長手旋削および正面フライスでの転削の場合，理論粗さ（送り方向）は次式のようになる（図 2.47 参照）．

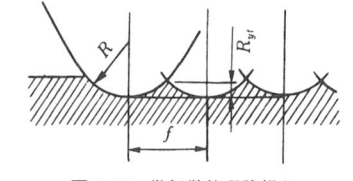

図 2.47 幾何学的理論粗さ

$$R_{yt} = (f^2/8R)(1/1000) \tag{2.24}$$

ここで，R_{yt}：理論粗さ〔μm〕，f：1 回転当たり（旋削），または 1 刃当たり（転削）の送り〔mm〕，R：工具のチップのコーナ〔mm〕．このとき，f を小さく，R を大きくすれば R_{yt} は減少する．しかしながら，仕上げ面創成は理想どおりには行われず，実際の仕上げ面粗さは理論粗さよりもかなり大きくなる．

b．理論粗さを崩す要因

仕上げ面粗さが理論粗さよりも大きくなる原因は，次の四つが考えられる．

（1）工具切れ刃の損耗の影響：工具切れ刃は，切削時間の経過とともに摩耗や損傷により，当初の形状を維持できなくなり，理論粗さどおりの仕上げ面は得られなくなる．とくに前切れ刃の境界摩耗は仕上げ面相さを大きくし，切れ刃のチッピングは仕上げ面粗さを劣化する．また，刃先部が鈍化すると実質的なコーナ

ーアールが大きくなり仕上げ面粗さはかえって改善されることもある．

(2) 工作機械精度の影響：工作機械の動作に設定誤差があったり，動作部のすきまやバックラッシュなどによる"がたつぎ"が生じたり，加工中に大きな振動やびびりが発生した場合は，仕上げ面創成が理論値どおりにはならなくなり，仕上げ面粗さは大きくなる．とくに切削中の工作機械には切削抵抗による変位が生じており，仕上げ面粗さの増大は避けるべくもない．もちろん，その程度は工作機械の静的・動的な剛性により，大きく変わるのはいうまでもない．

(3) 切りくず生成メカニズム：仕上げ面の創成は，工具刃先近傍での破壊の発生と成長によってなされる．このとき，破壊の方向は予定より下方に向かったり，切れ刃に先行することが多く，工具切れ刃の軌跡どおりには工作物材料は除去されない．仕上げ面の創成は切りくず生成と表裏の関係にあるので，切りくず形状を観察することで仕上げ面相さの悪化は見当がつく．すなわち，仕上げ面粗さの良い切りくず形状から悪いほうへ列挙すると，「連続型→せん断型→き裂型→むしれ型→構成刃先」の順となる．

(4) バリ (burr)：バリは，図 2.48 に示すように，加工終了時に切れ刃が工作物から離脱する際に生じるものである．仕上げ加工においてバリが発生すると，バリ取り工程を介在させなければならず，自動化の促進にとっては大きな障害の一つとなる．

① 正のバリ　② 負のバリ (カケまたはダレ)

図 2.48　加工終了箇所でのバリ[3]

正のバリは，未切削の自由面が端面とともに切削方向に張り出すもので，工作物の端面角が小さいときや延性に富む工作物材料のときに生じやすい．また，負のバリは，切削終了端で切りくずとともに未切削の自由面が工作物から分離するもので，工作物の端面角が大きいときや脆性材料のときに発生しやすい[3]．

2.8.2　仕上げ面の物理的・化学的特性

a．加工変質層

切削加工の結果，その仕上げ面には工作物母材とは異なった組織や性質をもつ表面層が生成される．この表面層を加工変質層 (work affected layer) と呼び，

図2.49 加工変質層の模式図

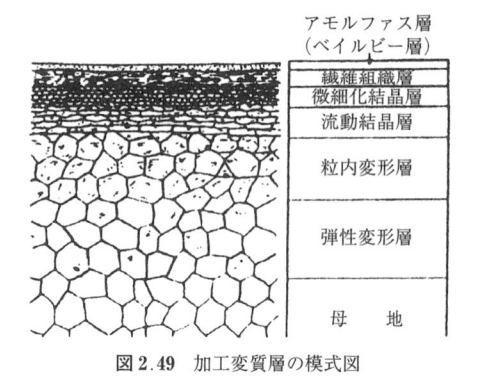

その深さは，1 mm にも達する場合もある．
　図2.49に加工変質層の模式図を示す．加工変質層は幾層かに分類されており，最も表面の層はベイルビー層（Beilby layer）と呼ばれ，結晶性を示さない数 nm 以下の薄いアモルファス層である．その下に，順次，繊維組織層，微細化結晶層，流動結晶層，粒内変形層，弾性変形層と続き，工作物母材に至る．
　このような組織変化は，当然母材とは異なった種々の性質的変化をもたらす．そのうち，重要なものは，加工硬化と残留応力である．

b. 硬度変化

　加工変質層は，極度の塑性変形を受けており，加工硬化（work hardening）により母材よりも硬度が高くなっていると推測できる．一方，切削熱の影響により焼鈍効果が期待でき，硬度は軟化する可能性もある．したがって，加工硬化と焼鈍効果の及ぼす程度により，加工変質層は硬くも柔らかくもなりうる．
　実際の切削では，焼入れ鋼の切削など特殊な加工例を除いて，一般的に表面に近いほど硬度は高くなる．図2.50に炭素鋼の加工例を示す．この例で

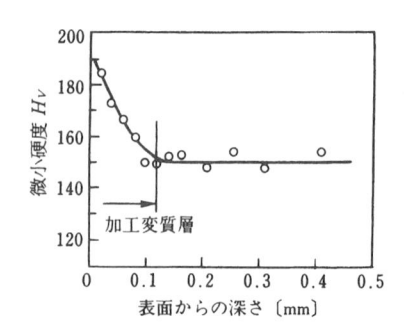

工作物：0.3%炭素鋼，工具：高速度工具鋼
フライス，切削速度：21.5 m/min，切り込み：1 mm，送り：36 mm/min

図2.50 平フライスによる加工変質層の硬度分布[3]

は，表層部の硬度は母材に比べて20〜30％高くなっており，また，加工変質層の深さは約0.1mm程度あることが硬度変化から理解できる．

c. 残 留 応 力

残留応力（residual stress）とは，外力を取り除いた後も物体内で釣り合いを保って存在する応力のことである．加工により生じる残留応力のおもな発生原因はつぎの二つが考えられる．

① 機械的応力による不均一な塑性変形
② 熱応力による不均一な塑性変形

実際の切削では，双方の残留応力が相乗効果をもたらすため，より複雑な応力分布になる．残留応力には引張りの残留応力と圧縮の残留応力があるが，切削仕上げ面に引張りの残留応力が生じると，加工部品の見かけの引張強度や疲労強度が低下するため，引張りの残留応力を極力抑える必要がある．

加工部品表面に残った加工変質層は，製品の疲労強度を低下させたり，摺動部に使用すれば初期摩耗の原因となったりするが，通常の切削加工では加工変質層を完全に取り除くことはできない．したがって，より良い製品を加工するためには，切削時の加工条件に工夫をこらして，できるかぎり加工変質層を薄く，影響の少ないものとすることが必要である．

近年，加工効率を優先するあまり，平面加工はほとんど正面フライスを切削工具とし，マシニングセンターや5面加工機などで加工される．二十数年前までは，このような加工には形削り盤や平削り盤が使用されていた．この新旧の加工方法には決定的な違いがある．一つは加工能力の違いであり，もう一つが，この加工変質層の問題である．正面フライスを使用する加工方法では，当然，重切削加工となり，加工変質層が厚くなる．しかも切れ刃の軌跡でもわかるように，残留応力の向きが一定せず加工面が不安定な状態となる．それに引き換え旧来の加工方法では，切削速度も速くなく重切削も困難なため加工変質層は薄く，2次元加工ゆえに残留応力の向きも一方向にそろって加工面がより安定した状態にある．どちらの加工方法が良いかということは一概にいえないが，加工後の仕上げ両性状を認識したうえで加工方法を決定する必要がある．

2.8.3 仕上げ加工の要点

2.5.3項で述べた切削速度の決定方法は，経済性に重点をおいたものであり，そこでは加工部品の品質は考慮されていない．

実際の加工では，最終的に加工品質が確保されることが最重要であり，しかも経済性も無視できない．そこで，加工を二つの系統に分け，最初は荒加工と称して切り込みを多くし，経済性に重点をおいた重切削加工を行い，最後に仕上げ加工と称して加工変質層の少ない良好な仕上げ面を得るために，切削速度を速くし，切り込みは少ししか与えない軽切削加工を行うのが一般的な方法である．仕上げ加工では加工品質を保つため，前工程で生じた加工変質層や残留応力を完全に除去する必要がある．そのため，もし荒加工で生じた加工変質層や残留応力を完全に除去しきれない場合は，中仕上げと称して荒加工と仕上げ加工の中間的な条件の切削を仕上げ加工の前に一度行い，加工変質層や残留応力を軽減化する場合もある．また，荒加工と仕上げ加工とでは切削速度も違い，荒加工では工具の切れ刃の損耗も激しいことから，荒加工時と仕上げ加工時とでは工具をその材種も含めて取り換えるのが普通である．

2.9 切削油剤

切削加工を行う上で，切削油剤（coolant）の供給は必要不可欠なものではないが，それを付加することによって被剛性は著しく向上するため，重要な要素である．

2.9.1 切削油剤使用の目的と効果

切削油剤を使用する目的は，次の四つである．
(1) 冷却作用：切削熱を奪い去り工具や工作物を冷却して温度上昇を抑制する．
(2) 潤滑作用：工具と工作物，および切りくず間の接触部分を潤滑し，摩擦係数を減少させる．
(3) 切りくず除去作用：切りくずを加工点から外部へ排出する．
(4) 切りくず脆化作用：金属裏面に吸着した油剤成分が微小き裂の生成や成長を助長して切りくずを脆弱化させ，切削抵抗の低減を図り，切りくずを分断する．

これをレビンダー効果（rebinder effect）という．
　このうち，冷却と潤滑が本来の目的であり，切りくずに関する目的は2次的なものである．冷却と潤滑のみを目的とする場合は少量の切削油剤で十分である．しかし，切りくず除去を目的として，大量の切削油剤を使用する例も多い．そして，切削油剤を使用することにより，次の効果が期待できる．

(1) 切削抵抗の削減：工具と工作物，および切りくず間の潤滑作用とレビンダー効果により切削抵抗を低減し，工作機械の負荷を軽減するとともに省エネルギー効果をもたらす．ただし，レビンダー効果は未知な点が多い．

(2) 工具寿命の延長：工具刃先を冷却し工具の軟化を防ぐとともに，潤滑作用により工具摩耗を減少させる．一方で，急激な冷却で工具刃先の熱き裂の原因となることもある．

(3) 仕上げ面の向上：工作物を冷却することで温度上昇による加工精度の低下を防止するとともに，潤滑作用により仕上げ面の状態を良好にする．切りくずを工作機械外部に速やかに排出することにより，工作機械の熱変位を抑制し，工作精度を安定化させる．

(4) 切削作業の容易化：切りくずを強制的に排除したり，分断することにより切りくずの処理性を向上させる．ドリルや中ぐり加工など切りくず排出が困難なときにとくに有効である．

2.9.2　切削油剤の種類

　現在使用されている切削油剤は，大別して，不水溶性のものと水溶性のものがある．前者が潤滑性にすぐれているのに対し，後者は冷却効果にすぐれている．

a. 不水溶性切削油剤（straight cutting oils）

　油を主成分とした切削油剤の総称で，油性切削剤とも称し，希釈しないでそのまま用いる．鉱物油に動物油や植物油を添加したものが市販されており，極圧添加剤を加えて潤滑性を向上させたものは高度の品質を要求される精密工作用に使用されている．

b. 水溶性切削油剤（water-soluble cutting fluids）

　油剤を水で希釈して使用する切削油剤で，次の三つの種類がある．

(1) エマルジョン型（emulsion type cutting fluids）：乳化剤を加えたもので，

水に溶かすと乳白色になり，乳化油とも呼ばれる．水溶性切削油剤としては比較的潤滑性が良いが，硬水には不適であり，安定性・耐腐食性に劣る．

(2) ソリューブル型 (soluble type cutting fluids)：界面活性剤を主体としたもので，水に溶かすと透明または半透明になり，透明型乳化油とも呼ばれる．表面張力が少なく，洗浄性も良く，硬水にも使用できる．

(3) ソリューション型 (solution type cutting fluids)：無機塩類を主成分としたもので，水に溶けて溶液となり，透明であるので透明水溶液とも呼ばれる．表面張力が大きく，無機塩類の金属表面へのイオン吸着を切削効果の特徴とし，老化が少なく腐敗しない．鋳鉄，鋳鋼，Ti合金の研削，高速切削にすぐれた性能を発揮する．

現在使用されている切削油剤の中では，水溶性切削油剤が主流である．

c. タッピングペースト

ペースト状の切削油剤で，タッピング作業でタップに塗布して使用する．

2.9.3 切削油剤の問題点

切削加工には，以前は，不水溶性切削油剤が使用されていたが，切削速度が高速になるに従い，切削温度の局部的な上昇により切削油剤に引火するおそれが生じてきたため，最近では水溶性切削油剤が多用されている．水溶性切削油剤は引火の危険もなく，また，比熱が高いため冷却効果にすぐれた切削油剤であるが，主成分が水であるため，工作物や工作機械を錆びさせたり，切削油剤自身が時間経過とともに老化・腐敗する欠点がある．これらを防止し，切削性能をより高めるために切削油剤の中には各種の添加剤が加えられている．しかし，これらの切削油剤の中には，刺激臭・悪臭のあるもの，人体に有害なもの，工作機械の塗装やプラスチック部品を侵すもの，環境汚染の可能性があるものなどが多数含まれている．このため，使用中の対策はもちろんのこと，使用後の廃液処理には十分な管理が必要であり，そのための費用も高額になる．それに加え，切りくずの排出に多量の切削油剤を使用することから，切削油剤を供給・循環させるためのエネルギーもかなり消費しており，極端な場合，工作機械で使用される全エネルギーの数十％にも達する例もあるといわれている．一般に切削加工において，切削油剤に関連する費用は全体の十数％にもなる場合があるといわれ，工具関連費用

の数％に比べても高い比率にある．

省エネルギーや環境保護が問題となっている現在，切削油剤の使用を見直す気運が高まっている．このような意識はドイツにおいてとくに高く，ベンツ社では「Reststoff-freie fabrik（廃棄物なしの生産工場）」の実現を目標に多角的な生産技術の研究を行っており，その一環として，切削現場からの廃棄物として最も問題となる切削油剤を使用しないという研究が積極的になされている[7]．

2.9.4 新しい切削油剤供給方法

切削油剤供給の目的が冷却と潤滑のみとする場合は少量の切削油剤で十分であり，切りくず排除を他の方法で代替えできれば，切削油剤の供給量は著しく低減できる．切削油剤を使用することで生じる問題を解決する方策はいろいろ考えられているが[7]，ここでは，最新の切削油剤供給技術としてのドライ切削技術とセミドライ加工技術を簡単に紹介する．

a．ドライ切削

切削油剤を使用しないドライ切削（dry machining）は，以前より，一部の材料を切削するときなどに適用されていた．すなわち，鋳鉄などは，切削油剤を使用すると後の洗浄作業が大変なこともあり，通常，切削油剤は使用しない．どうしても工具刃先を冷却したい場合は，圧縮空気を供給していた．ダクタイル鋳鉄の加工でドリル切削時に工具刃先に圧縮空気を供給したところ，かなりの効果があることが実際の加工現場で確認されている．

圧縮空気を供給するとき注意しなければならないことは，供給する空気は完全に水分を除いたドライエアーでなければならないことである．コンプレッサーで圧縮されただけの空気は，多くの水分を含んでいるので，そのまま使用すると，工作物や工具ひいては工作機械にも錆びを発生させることになる．

また，フライス加工など断続切削となる場合は，切削油剤を使用すると熱応力による疲労のため工具切れ刃が欠

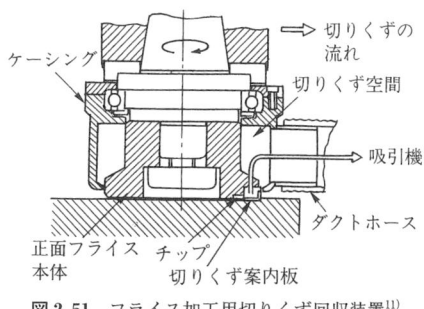

図2.51 フライス加工用切りくず回収装置[11]

損するおそれがあるため，切削油剤の使用は避けられていた．このような加工で最も重要なことは，切りくずを堆積させないことである．工作機械内での切りくずの堆積は，熱変形や工具破損の原因となる．簡単な対策として，最近，図2.51に示すような切りくずを連続的に自動回収する装置を附属した正面フライスカッターが[11]，工具メーカーより提供されるようになった．

切りくずの堆積を防止する試みとしては，以前より，旋盤や小型のマシニングセンターなどでは，工作機械のベッドを傾斜させるなどで，切りくずの落下を容易にする工夫がなされている．

b．セミドライ加工

現在，多数の切削加工では切削油剤を使用しているが，それに代わってドライ切削を行うことは工具寿命の点からも加工面の品質の点からも問題が多い．これらの加工方法の代替案として，最近，セミドライ加工（semi-dry machining）という切削油剤供給方式が提案されている．セミドライ加工法は，極微量切削油剤供給方式（minimal quantity lubrication, MQL）とも呼ばれ．一般に1時間当たり20 ml以下の極微量の切削油剤を圧縮空気とともにミスト状にして，切削点に供給する方式である．通常の切削で供給される切削油剤の量が1分間に数リットルであるのに比べて，きわめて微量であることが理解されよう．この方式の狙いとするところは，極微量の切削油剤で工具刃先の潤滑を行い，同時に供給する高

表 2.10 各種切削油剤供給方式の比較[13]

	ドライ （エアブロー含む）	セミドライ （MQL）	水溶性切削油剤
被削性	○工具寿命が短い ○切りくず排出困難 ○加工精度悪い	○加工方法によっては水溶性と同等以上 ○切りくず排出困難	○被削性良好 ○加工精度良好 ○切りくずの排出良好
対環境性	○良い	○やや良い ○ミスト集塵対策要	○廃液処理の問題大 ○高圧ではミスト対策要 ○添加剤の公害問題
コスト	○低い， 　圧縮空気コスト要 ○工具コストは高い	○やや低い， 　圧縮空気コスト要 ○MQLシステム設置費用の追加	○処理費用大 ○高圧ではポンプのコストが高い
その他	○空気の噴射音の問題	○切削点にミストをかけることが工具によっては困難	○大量高圧クーラントでは切削点に供給が容易 ○火災の心配がない

圧空気で冷却を行おうとするものである．表2.10に各種切削油剤供給方式の比較を示す．この方法は，フライス加工など断続切削に応用しても工具寿命の延長などで効果があるといわれている．

セミドライ加工を含む各種切削油剤供給方式での比較テストを実施した結果では，高圧空気だけを供給した場合は潤滑効果が得られないため切削抵抗が大きくなったが，セミドライ加工は工具寿命の点からも通常の湿式切削と同程度の効果が得られたという報告がなされている．

セミドライ加工で使用されている切削油剤は，環境保護の観点から，生分解性の高い合成エステル油を使用し，人体への悪影響を除く配慮がなされている．エステル油は，従来の切削油剤と比較するときわめて高価であるが，極微量の使用であるので，価格的にも十分見合うものであるとされている．

2.10 特殊加工

ここで取り扱う特殊加工とは，これまで論じてきた通常の切削条件から逸脱した加工方法である．特殊な工作機械による加工，あるいは，塑性加工や熱処理などの他の加工方法との複合加工などについては取り扱わない．

2.10.1 高速切削

古くから，加工能率の向上，さらに表面粗さの向上や加工変質層の厚さの減少など仕上げ面性状の向上を目的に，切削速度の上昇が試みられてきた．積極的には新しい工具材料の発明により，また，消極的には種々の切削油剤の適用によって高速切削化が推進されてきた．しかし，高速化されたとはいえ，いかなる工具材料も「切削速度の上昇→切削温度の上昇→工具の硬さ低下→切削不能」といった現象のため，ある速度以上では切削不能となる限界が存在する．その背景には，従来，Kronenbergなどが提唱してきた．「切削抵抗は切削速度に無関係にほぼ一定である」という定説が存在していた．事実，高速度工具鋼→超硬合金といった程度の工具材料の進歩ではその事実は揺るぎないものであったが，セラミックス→CBNといった工具材料の驚異的な発達は，従来では考えられなかった高速切削を実現可能とし，最近の文献では，「切削速度が超高速域に入れば切削抵抗は低下する」と変化してきている．

この現象は，1931年にSalomonがいち早く予見していたもので，"Salomon理論"と名づけられており，はからずも工具材料の進歩により実証されることとなった．すなわち，図2.52に見られるように，工作物材料の種類により異なるが，切削速度を上げることで次第に切削温度は上昇し，ついには工具の限界温度を超えて切削不能となる．しかし，その切削速度を超えさえすれば，また，切削温度は減少し，工具の熱的限界領域の中での切削が可能となるというものである．この領域では，加工時間が大幅に短縮され，加工動力の削減もなされるという．ただし，この領域に至るピークを越えることは容易なことではなく，それゆえ，Salomonはこのピークを"Tal des Todes（死の谷）"と名づけた．

現在，工具材料の驚異的な発達によりAl系材料では，すでに，このことが立証され，多くの分野で利用されている．しかし，鉄系材料では，いまだ立証されていない．いま，工作機械業界が競って工作機械の高速化を進めているが，最終目的は，鉄系材料でこのピークを越えることにある．なお，現時点で実現されている工作機械の最高速度は，主軸の回転速度で70000 rpm，送り速度で70 m/min，加速度は3Gもの高速に達する．

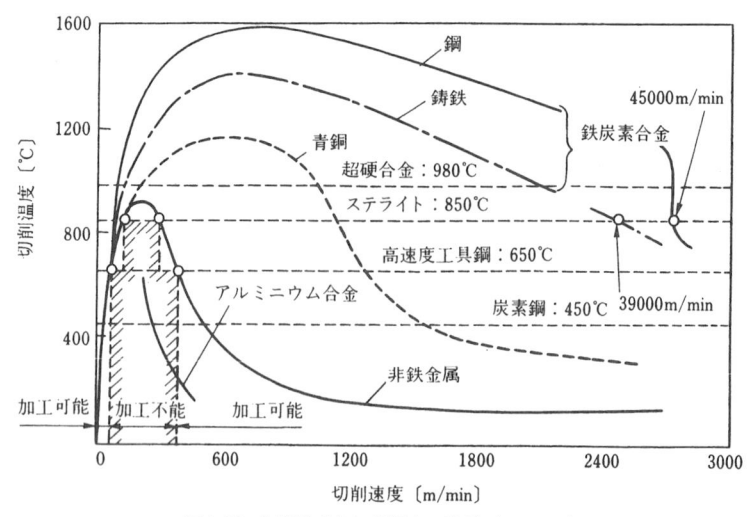

図2.52 切削速度と切削温度の関係（Salomon）

2.10.2 高温切削

　金属を高温加熱すると軟化して変形抵抗が減少し，延性が増大するため加工が容易になる．鍛造や熱間圧延などはこの性質を利用したものであるが，切削加工においてもこの性質を適用することができる．工具材料に高速度工具鋼を使用していたころは，耐熱性に乏しいためこの性質を利用することはできなかったが，超硬合金やセラミックスなどの耐熱性の高い工具材料の普及によって高温加熱による切削が可能となった．

　高温切削の利点としては，次のことがあげられる．
① 耐熱合金のような常温では非常に硬く切削できない材料も切削可能となる．
② 切削抵抗が常温時の 1/2 程度になるので動力が少なくてすむ．
③ 工作物の延性が増すため，常温では脆くて断続性の切りくずしか生じない工作物でも連続した切りくずを生じ，切削抵抗の変動が少なくなり，仕上げ面が平滑になって，工具のチッピングも減少する．
④ 低速切削でも構成刃先が生じにくくなる．

一方，次のような欠点がある．
① 加熱のために余分な設備や経費が必要となり，その調整のために作業工数が増加する．
② 加熱方法が不適当な場合，工作物の熱膨張によって加工精度が低下したり，仕上げ面の荒れや結晶組織の変化をもたらす．
③ 工作機械に余分な熱的負担をかけ，傷める恐れがある．

　高温切削には加熱方法によって次のような種類がある．

```
          ┌ 全体加熱法
          │              ┌ 火災加熱法
          │              │ 電気抵抗加熱法
          └ 局部加熱法 ┤ 高周波加熱法
                         └ 電弧（アーク）加熱法
```

　ここでは，電気抵抗加熱法のうち，通電加熱による切削を紹介する．これは，切削中に切削工具と工作物間に大電流を通じ，電流密度の最も高くなる刃先切削点付近を，ジュール熱によって加熱しながら切削する方法である．図 2.53 に旧国鉄の車両工場で実施された例を示す．

鉄道車両の車輪タイヤの修正切削に使用されたもので，車両の高速化により，タイヤ踏面に発生する硬化層が高硬度となり，車両数も増加したため，難削材を効率的に切削する必要から実用化された．

一般に抵抗 R に電流 I を通すとジュール熱が発生し，その熱は I^2R に比例する．図 2.53 に示すように工具（バイト）—車輪間に通電し，最も抵抗値の高いバイトと工作物間の加工点で発熱させることにより，車輪切削部の材質を軟化させ切削する方法である．この方法は，到底常温では切削できない高硬度工作物の切削も可能にし，しかも，経済効果も期待できるとされている[2]．

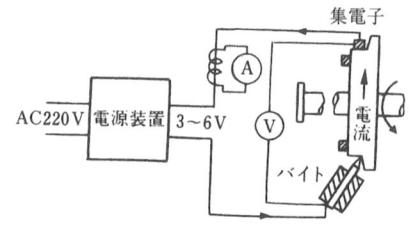

図 2.53 通電加熱切削加工の原理[2]

2.10.3 低温切削

工具寿命を決定づける刃先温度を積極的に低下させる目的で室温以下の低温で切削しようとする方法で，加えて大部分の金属材料にそなわっている低温脆性を利用して切削抵抗を削減し，良好な切削状態を得ようとするものである．

この方法は，1953年に英国で高 Ni・高 Cr・W 鋼製の航空機部品を切削するために液化 CO_2 を工具刃先に吹き付けたのが始まりであり，"Ce De Cut" と名づけられた．その後，1957年には米国で Ti や Cr-Mo 鋼など難削材の切削用に $-40\sim-45°C$ の冷却した切削油剤を使用した "Sub-Zero Machining" という方法が考案された．

最近，この方法がふたたび "冷風切削" として注目されている．すなわち，切削点に $-30°C$ 程度の冷風を供給し，良好な切削結果を得ようとするもので，切削油剤が人体・環境に及ぼす悪影響を除去する目的がある．"Ce De Cut" との違いは，CO_2 ではなく冷風をかけるということと，ごく微量の植物油を混合して潤滑作用をさせるという点である．2.9.4項で紹介したセミドライ加工においてエアーを冷却する方法としたものである．

低温切削の利点は次のようなことが考えられる．
① 生成される切りくず形状が良好である．
② 良好な工作物の表面が得られる．

③ 難削材の加工が容易になる．
④ 切削油剤が不要なため，清浄で人体・環境に及ぼす影響が少なく，切削状態の観察が容易である．
⑤ 切削油剤の供給・回収装置が不要である．

その反面，次の欠点がある．
① 切削点にピンポイントで供給する必要があるため，切削点の分散したフライス切削などには不向きである．
② 低温発生装置が必要である．
③ ノズルの吹き出し騒音がある．

低温切削は，旋削・ドリル加工などで有用性が認められており，高速切削技術確立までの補助手段として，難削材の加工に役立つと期待されている．

2.10.4 振動切削

振動切削とは，切削工具に強制的に振動を与え，いままで有害とされてきた振動を積極的に利用しようとする切削方法である．おもに，旋削およびドリル加工に利用される．

この切削方法のおもな特徴は次のようなことがあげられる．
① 構成刃先がまったくつかないので，仕上げ面が非常にきれいになる．
② 平均切削力が非常に小さくなるので，切削動力が少なくてすむ．
③ 切りくずの出がよくなる．
④ バリが出にくくなり，加工ひずみも少ない．
⑤ 切削油剤が十分な潤滑効果を発揮する．

振動数は，数十 Hz～数千 Hz の範囲で使用され，電磁式・油圧式・機械式などの発振器で加振する方法がとられる．

旋削では，超音波発振器を利用した加振方法が一般的で，振幅は数 μm 程度である．バイトに対して加振方向を3方向（主分力方向，送り分力方向，背分力方向）設定できるが，主分力方向の振動がもっとも効果があるとされている．

ドリル加工では，高周波域から低周波域まで利用する振動数帯域はさまざまであるが，油圧式・機械式発振器を使用した低周波域振動数の範囲では 0.1 mm 単位の比較的大きな振幅を利用できる．ドリルの送り方向および回転方向に加振で

きるが，送り方向に加振するのが平易である．そのほか，超音波振動を利用したブローチ盤も実用化されている．

振動切削は，ステンレス鋼など難削材の加工に有効な加工法であるが，工作機械本体に加振装置を取付ける必要があり，自動化・省力化の時流に則した加工法とはなり得ていないのが普及を遅らせている原因である．

2.10.5 弾性切削

弾性切削は，図 2.25 で紹介したヘールバイトに代表される切削方法で，工具刃先がバネを介して取付けられた形式の工具を使用する．工具の刃先が切削抵抗により弾性変形することを巧みに利用した加工法である．通常の工具においても切削抵抗により弾性変形はするが，その変形量がまったく異なる．弾性切削は加工量を競うのではなく，図 2.54 に見られるように，むしろ，良好な仕上げ面を得る目的で使用される．

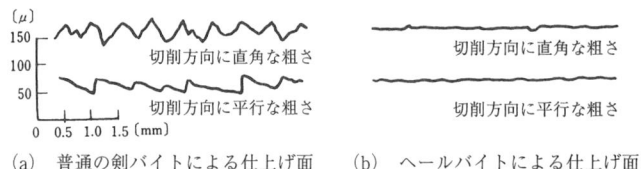

(a) 普通の剣バイトによる仕上げ面　　(b) ヘールバイトによる仕上げ面

図 2.54　普通のバイトとヘールバイトの仕上げ面比較[2]

このような弾性工具を使用することにより，良好な仕上げ面が得られる要因としては次のように考えられている．

① 微小な切り込み（1 μm の切り込みも可能）のもとで加工が行われる．
② 切削抵抗の変動が少ない．
③ 構成刃先の発生が少ない．
④ びびりが生じにくい．

このうち，①と②は確認されているが，③と④はまだ十分に解明されていない．

最近，弾性工具のこのような特徴を取り入れた"ヘール加工"と称する加工法がマシニングセンタ上で行われている[9]．すなわち，いままで回転工具の使用を前提としていたマシニングセンタの回転主軸を位相角制御（Cs 軸制御と称す

る）が可能となるようにして，主軸中心線上に非回転工具であるヘールバイトを装着し，主軸と直交する平面（X-Y平面）上で送り軸運動を利用して加工するものである．図2.55に見られるように，ヘールバイトは位相角制御により常に切削方向を向くよう制御されており，X-Y同時2軸制御により任意の曲線形状加工が可能となり，直交Z軸の制御も組み合わせると3次元曲面の加工までもが可能となるものである．

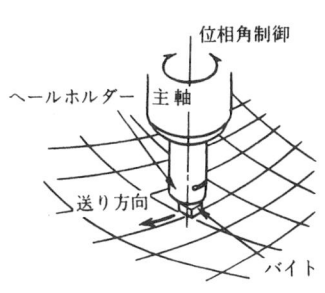

図2.55 マシニングセンターによるヘール加工[9]

ヘール加工は，決して効率の良い加工法であるとはいいがたい．しかし，回転工具との併用で，回転工具で切削した後の加工面粗さを改善したり，回転工具では切削できないコーナ部の加工を行ったり，また，回転工具では不可能な加工形状（深溝・細溝加工，非対称加工）も切削可能となり，マシニングセンターによる複合加工の可能性を高めることとなる．図2.56にヘール加工用バイトの形状例を，図2.57にヘール加工例を示す．

図2.56 ヘールバイト例　　図2.57 ヘール加工例

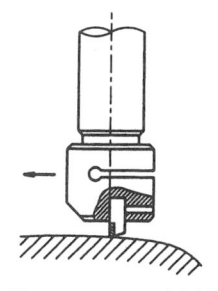

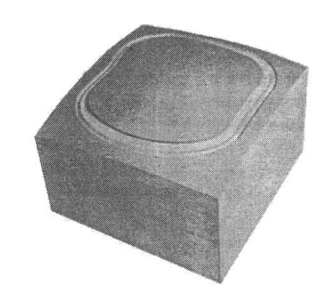

演習問題

2.1 切削加工とはどのような加工法か．またその目的とするところは何か．
2.2 切りくずの形態を分類し，その形成メカニズムを簡潔に示せ．
2.3 切削工具の基本となる刃先形状を示し，主要な構成面を説明せよ．
2.4 旋削の3分力とは何か述べよ．

2.5 直径 150 mm の軟鋼（材質 SS 400）を，切削速度 100 m/min，切り込み深さ 5 mm，送り速度 0.4 mm/rev で旋削するときに必要な旋盤の駆動トルクを求めよ．ただし，バイトのすくい角は 2 度，横切れ刃角は 0 度，切りくずは連続形とする．

2.6 超硬工具で合金鋼を旋削したところ，切削速度 75 m/min で工具寿命が 120 分，90 m/min で工具寿命 60 分という結果がでた．工具寿命方程式の係数を求めよ．また，100 分寿命を目標に切削するには切削速度をいくらにすればよいか．

2.7 ハイスと超硬合金の特徴を明らかにし，それぞれ，どのような加工に適しているか述べよ．

2.8 ダイヤモンド工具は，なぜ鋼の切削に用いられないのか述べよ．

2.9 工具はどのような状態になったとき，寿命が尽きたと判断できるか述べよ．

2.10 切削加工で所望の部品を仕上げるには，どのような点に注意を払うべきか述べよ．

2.11 現在，多用されている水溶性切削油剤は環境問題に直面している．その切削油剤の長所・短所を述べ，今後，どうあるべきか述べよ．

参考文献

1) 中山一雄，上原邦雄：機械加工，朝倉書店 (1983).
2) 伊藤　鎮，窪田雅男：切削加工，誠文堂新光社 (1967).
3) 杉田忠彰，上田完次，稲村豊四郎：基礎切削加工学，共立出版 (1984).
4) ツールエンジニア編集部 編：工具材種の選びかた使い方，でか版技能ブックス 11，大河出版 (1994).
5) 伊藤　鎮，本田巨範，竹中則雄：新編工作機械，養賢堂 (1970).
6) F. Koenigsberger：工作機械の設計原理，養賢堂 (1971).
7) 稲崎一郎：ドライ・セミドライ切削加工，機械技術，**47**（No.1），(1999).
8) 狩野勝吉：エコ・カッティングと労働安全衛生，21 世紀の切削加工技術，機械技術，**47**（No.7），(1999).
9) 大平研五：6 軸制御 M/C による切削加工，高硬度・難削材の最新の高能率切削加工講習会 (1993).
10) 東芝タンガロイ 編：タンガロイ切削工具カタログ，1998 年版．
11) 三菱マテリアル：ダイヤチタニット切削工具カタログ，1998〜2000 年版．
12) ダイジェット：工具カタログ，Vol.5．
13) 黒田精工：エコセーバー & エコツールカタログ (1998)．
14) 中島利勝，鳴瀧則彦：機械加工学，コロナ社 (1997)．
15) Nathan H. Cook：Manufacturing Analysis, Addison-Wesley (1966)．

3. 研削加工

　機械加工により所定の部品を製作する場合，必要とする寸法および形状を得るために，工作機械を用いて工作物の不必要部分に工具を介して機械的エネルギーを与え，その部分を破壊して切りくずとして除去する．その方法には，工具にバイトのような単刃工具やドリル，フライスのような多刃工具を用いる切削加工と，といしを工具として使用する（広義の）研削加工がある．前者は，大きな切り込みと送りが可能で比較的大きな取りしろが得られ，重切削が可能な反面，仕上げ面粗さが比較的粗い傾向があり，荒加工を目的とする場合が多い．後者はそれに比べ，と粒を脆いガラス質の結合剤で固めたといしを使用するため，過大な負荷がかけられず，重切削には適さないが，きわめて小さな切り込みや切削面積で μm オーダーの微小な切りくずを生成するので加工面のきずも浅細で，仕上げ粗さも比較的良好となり，表面仕上げを目的とする場合が多い．しかも，切れ刃の役目をすると粒にはきわめて硬い鉱物質のものを使用しているので，通常の金属工具では切削不可能な焼入れ鋼のような高硬度の工作物の加工も可能である．

　といしを使用する加工法には，大きく分けて次の3種類がある[2]．

　(1)　狭義の研削：研削用といし車を高速回転させながら工作物に所定の切り込みを与え，必要な寸法および形状を得る加工法である．

　(2)　ホーニング：といしを工作物に一定の圧力で押し付け，といしを回転させると同時に回転軸方向に前後送りをかけ，表面を仕上げる方法である．

　(3)　超仕上げ：といしを工作物に一定の圧力で押し付け，さらにといしに振動を与えて表面を仕上げる方法である．

　ホーニングや超仕上げに使用するといしの粒度は，狭義の研削（以後，研削と称す）に使用するものに比べ微細であり，仕上げ面粗さも研削で得られるものよりきれいである．

　機械加工（除去加工）は，工具と工作物の相対運動を与える方法により，研削加工（grinding）や，前章の切削加工を総称した強制切り込み加工（controlling depth machining）と，ホーニング，超仕上げやラップなどの圧力切り込み加工（controlling force machining）とに分類できる．表3.1 に加工法の分類を示す．本章では，研削といし（grinding wheel）による研削加工について基本的な事項を述べる．

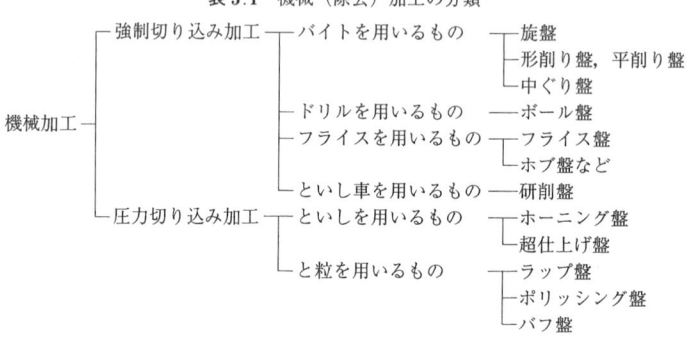

表3.1 機械（除去）加工の分類

機械加工	強制切り込み加工	バイトを用いるもの	旋盤
			形削り盤，平削り盤
			中ぐり盤
		ドリルを用いるもの	ボール盤
		フライスを用いるもの	フライス盤
			ホブ盤など
		といし車を用いるもの	研削盤
	圧力切り込み加工	といしを用いるもの	ホーニング盤
			超仕上げ盤
		と粒を用いるもの	ラップ盤
			ポリッシング盤
			バフ盤

3.1 研削加工の概要

3.1.1 研削のメカニズム

といしによる加工には，研削と研磨という二つの作用がある．前者は切りくずを出して工作物を所定の寸法および形状に仕上げる仕事（切削）であり，後者は仕上げ面粗さを改善し表面品位を高める仕事（研磨）である．研削加工においてはこの二つの作用を使い分けているのではなく，両方同時に実現できることが特徴の一つである[2]．研削加工は，といしの発達により以前に比べてより高付加の加工が実現できるようになり，ミクロ的にみるとフライスなどの切削工具の切れ刃と同様に切削していることが明らかであり，除去加工の範疇に入るという観点から，近年では"研磨"ではなく"研削"と表現されている．

研削加工は，研削といしが外周に多数の切削切れ刃が分布している回転工具であると考えると，フライス加工に似ている．しかし，研削と粒の切れ刃をフライスなどの切削工具の切れ刃と比較してみると，表3.2 に示すように，すくい角が一定でなく，ほとんどが負のすくい角となるなど，特異な切れ刃形状が切削工具と根本的に異なるところにある．

表3.2 切削加工と研削加工の比較[3]

項目	切削	研削
刃先形状（すくい角）	切りくずが出やすい正のすくい角αを持った成形刃形	切りくずが出にくい負のすくい角αを持った不規則な刃先，ドレッシングの条件で変化する．
速度	10〜200 m/min	1,500〜3,000 m/min
切削抵抗	接線抵抗（主分力）が大	法線抵抗（背分力）が大
エネルギー効率	200〜1,000 mm^3/(s·kW)	5〜30 mm^3/(s·kW)
発生熱量	切りくず1g当たり約100 cal	切りくず1g当たり約1,000 cal以上
発生熱の分布	発生熱は切りくずに入る	発生熱は工作物に入る

3.1.2 研削の特徴

研削加工の特徴は，表3.2にみられるように，①すくい角が負である，②と粒の切り込み深さが非常に小さい，③切削速度が非常に高い，という三つにまとめることができる．

これらの特徴により切削加工と比較した研削加工の利点として，次の3点があげられる．

① 仕上げ面粗さの向上が計れる（1Ra以上）．
② 寸法精度の向上が計れる（μm単位）．
③ 硬度の高い材料や脆弱な材料の加工が可能である（焼入れ鋼や超硬合金など）．

反面，次のような欠点もある．

① 切り込み深さが小さいので，加工能率が低い．
② エネルギー効率が悪く，発生熱量が多いので，工作物の仕上げ形状が悪くなりやすい．

③ 切削速度が高いため加工点で高温となり，工作物表面が変質しやすい．

したがって，研削加工は，工作物の最終仕上げ切削時に，わずかの加工しろで行われることが多く，多量の研削液を加工箇所に供給して発生熱を取り去ることも行われる．

3.1.3 研削抵抗

一般に，切削加工と同様，研削加工においても研削抵抗が生じる．

円筒トラバース研削の場合を例にとると，研削力は図3.1に示すように，接線方向分力 F_c，法線方向分力 F_t，送り方向分力 F_f に分けて表現できる．

研削抵抗は，通常の切削抵抗に比べて小さい値となる．しかし，これは加工時の実際値でのことであり，同一の切削面積の切削抵抗で比べれば，決して小さくはない．といし外周の多数の切れ刃がそれぞれ分担する切削面積は微小であることと，切れ刃はほとんど負のすくい角であることを考えれば，比研削抵抗は比切削抵抗よりはるかに大きくなることが理解できる．事実，研削抵抗の法線方向分力 F_t は接線方向分力 F_c の1.6〜2.5倍で，旋削に比べ対照的な特徴を持っている．

研削抵抗は，一般に，粒度の細かいといしや結合度の高いといしは大きく，と粒と工作物の材質の組み合わせによっても極端に変化する．鋼にはA，WAと粒が，鋳鉄や黄銅にはC，CGと粒が研削抵抗を小さくするので適する．また，といしの目直しの状態によっても変化する．

ここに，良好な研削状態での接線方向分力の実験式の一例を示す[4]．

$$F_e = kfw^{-0.5}\Delta^{0.88}(v/V)^{0.75}(1/D+1/d)^{-0.13} \tag{3.1}$$

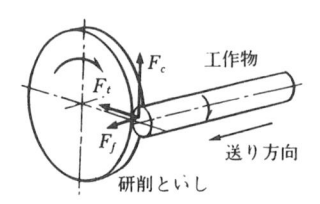

図3.1 円筒トラバース研削における研削力

表3.3 各種材質の比研削抵抗[4]

材　質		クロム鋼	1.2%鋼		0.6%鋼		0.2%鋼	鋳鉄	四六黄銅
熱処理		焼入れ	焼入れ	焼なまし	焼入れ	焼なまし	焼なまし	焼なまし	焼なまし
ビッカース硬度	(HV)	880	440	275	630	200	110	130	130
k	$[N/mm^2]$	2009	1999	1617	1960	1666	1421	1274	1029

ここで，V, v：といしおよび工作物の周速度，$\mathit{\Delta}$：切り込み深さ，w：といしの外周面における平均切れ刃間隔，D, d：といしおよび工作物の直径，f：工作物1回転当たりの送り量，k：比研削抵抗（表3.3参照）．

3.2 研削といし

といしは，人類が使用した最古の加工工具とされているが，当時のといしは天然の岩石を切り出したもので，現在，われわれが研削加工に使用している人造といしとは構成がやや異なっている．

人造研削といしは，1873年，S. Pulsonによって初めて製作されたもので[2]，その後，兵器や時計などの精密部品を大量生産する方式の発達に伴って急速に進歩し，今日ではきわめて多種類のものが生産されている．

3.2.1 といしの構成

といしは，と粒，結合剤，気孔の三つの要素によって構成されている（図3.2参照）．

と粒（abrasive grain）は，超硬合金工具のチップに相当する部材で，切削に寄与する．

結合剤（bond）は，と粒を保持する切れ刃の支持体で，切削工具のシャンクに当たる部分である．

気孔（void, pore）は，研削時の微小な切りくずの逃げ場としての役目と，発熱を抑制する効果を持つ．

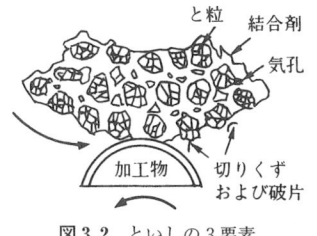

図3.2 といしの3要素

さらに，といしの特性は，①と粒の種類（abrasives），②粒度（grain size），③結合度（grade），④組織の緻密さ（structure），⑤結合剤（bond）の，五つの因子で決まる．一般的なといしの特性は，この5因子をアルファベットと数字で上記の順に表すことで示される．

3.2.2 と粒の種類

研削用と粒には，次の性質が必要といわれている[2]．
① 工作物に食い込むことのできる硬さ．
② 強度および適当な破砕性．

③ 切れ刃先端の耐摩耗性.

これらの性質を具備した研削で使用されている代表的なと粒を以下にあげる[1,2].現在，と粒の材質は，ダイヤモンドを除いて人造と粒が使用されている．

a. 酸化物系

コランダム (corundum) と称される溶融アルミナ質 (Al_2O_3) を主成分としたと粒で，鋼の研削用として広く用いられている．

1) 褐色アルミナ質研削材（A と粒）　ボーキサイトを電気炉で溶融還元し凝固させ，適量の酸化チタンを固溶したもの．全体に褐色を帯びている．最初に商品化した Norton 社（USA）の商品名から，一般的にアランダム (alundum) と呼ばれる．

2) 白色アルミナ質研削材（WA と粒）　バイヤー法で精製されたアルミナを電気炉で溶融還元し凝固させたもの．A と粒より高純度で全体として白色を帯びている．白色のアランダムでホワイトアランダム (white alundum) と呼ばれる．

b. 炭化物系

ケイ石とコークスを電気炉で反応させ，炭化ケイ素 (silicon carbide, SiC) としたもので，鋳鉄や非鉄金属の加工用として広く用いられている．

1) 黒色炭化ケイ素研削材（C と粒）　95％程度の純度の炭化ケイ素を有すると粒で，A 系と粒に比べ脆いため，切れ刃の自生を起こしやすいので，軟質工作物用として用いられる．最初に商品化した Carborundum Elec. 社（USA）の商品名から，カーボランダム (carborundum) とも呼ばれる．

2) 緑色炭化ケイ素研削材（GC と粒）　C と粒より高い純度の炭化ケイ素を有すると粒で，C と粒より硬度が高く緑色を帯びており，超硬材料のような高硬度の工作物の加工に用いられる．その色からグリーンカーボランダム (green carborundum)，略して GC と呼ばれる．

c. ダイヤモンド（天然・人造）

炭化ケイ素系と粒とほぼ同等の硬度を有し，超硬合金の仕上げ研削用に発達したと粒である．現在，超硬合金用以外にセラミックス，ガラスなどの非金属の研削に多用されている．

d. 立方晶窒化ホウ素（CBN）

ダイヤモンドの次に高硬度な材質で，自然には存在しない人工物である．高価で限られた地域の特産物で，品質も一定していないダイヤモンドの代替品として注目されていると粒である．

3.2.3 結合剤の種類

結合剤は，と粒を保持結合し，破砕，脱落の理想的更新作用を営ませるための支持体であり，その必要な条件を下記に示す[2]．

① と粒との結合力（と粒を保持する力）が強く，しかも，その程度を任意に調節できること．
② それ自身の機械的強度も適度に調整できること．
③ 適当な耐熱性を持っていること．
④ 研削剤に侵されないこと．
⑤ 適当な可撓性，弾性などを有すること．

これらの条件を持ち，現在，主に使用されている結合剤について以下に説明する[1,2]．

a. ビトリファイド（磁器性粘土, vitrified bond）

粘土を配合して高温で陶質化したもので，組織調整を行うことが可能で切削力の高い研削といしを作ることができる．研削といしといえば通常はこの結合剤を使用したものを指し，最もポピュラーな結合剤である．

b. レジノイド（人造樹脂, resinoid bond）

いわゆるベークライト系人造樹脂を基材としたもので，ラバーとともに可撓性（エラスティック）結合剤の代表的なものである．エラスティックボンドの中で，最も耐熱性が高く研削材に安定であるが，といしの減耗が早い．

最近，CBNと粒用に使用されているネオポリックスボンドもここに属しているが，その特性は従来のレジノイドとはまったく違ったものである．

c. ラバー（ゴム, ruber bond）

硫化ゴム（エボナイト）を基材とするもので，耐熱性が低く，結合剤が軟らかくなり，その弾性効果で切り込みが均一となり，美しい仕上げ面が得られる．これは，切断といしによく使用される．

d. メ タ ル（metalic bond）

金属を結合剤としたもので，主にダイヤモンド，CBN と粒を結合するのに用いられる．材質としては銀，銅，真ちゅう，ニッケル，鉄などが使用され，これらの粉末でと粒を結合している．と粒の保持力は強く，といしの寿命も長いが，無気孔構造であるため研削能率は一般的に低い．

e. 電　　着

金属の台金の上にダイヤモンドまたは CBN と粒をニッケルの電気めっきで保持させたもので，他の結合剤ではと粒が多層になっているのに対し，電着は1層だけで，しかも，と粒の飛び出し率が良く，メタルボンドに比べ研削能率が高いうえ，比較的安価に生産できる．

といしの種類を呼ぶ場合，一般には「結合剤，と粒」の順にいう．たとえば，「レジノイドボンドのCといし」や「鋳鉄ボンドのダイヤモンドといし」といった具合である．ただし，ビトリファイドボンドの場合は，単に「Aといし」，「GCといし」と呼んでいる．

3.2.4　といしの形状

酸化物や炭化物系と粒を使用した一般のといしは，と粒を結合剤で保持し，そ

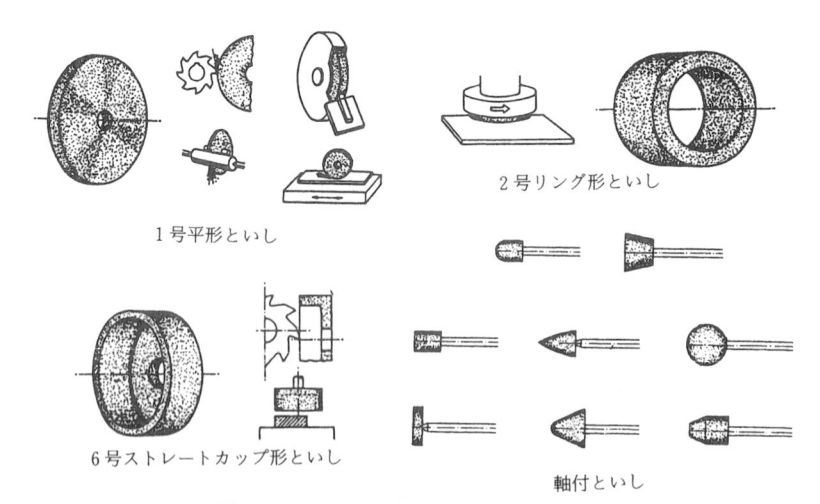

図3.3　一般的なといしの形状例（JIS R 6211）

3.3 研削加工の形態

の中に気孔が散在する構造（図3.2）で，図3.3に示すような形状（JIS R 6211）に均一に成形されている．

ダイヤモンドまたはCBNと粒を使用したといしは上記のものと異なり，といし形状に成形された合金（core, base, body）の外周や端面にと粒層を張り付けた形をとっている．そして，と粒層内は，結合剤中にと粒（ダイヤモンド，CBN）が散在する無気孔構造としている．合金の材質は，ビトリファイドやレジノイドを結合剤に使用する場合はアルミ合金を，メタルボンドや電着では鉄（炭素鋼）やニッケルを使用している．また，その形状は，ストレート形とカップ形でJIS B 4131に定められている（図3.4）．

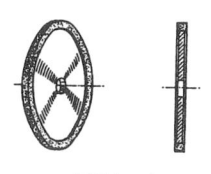

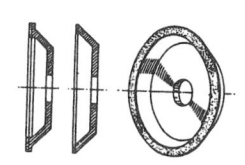

平形といし　　　　　　　　　テーパーカップといし

図3.4　ダイヤモンドといしの形状例

3.3 研削加工の形態

3.3.1 といしの自生作用

研削加工のといしにかかる研削抵抗は，研削時間の経過とともにと粒の切れ刃の摩耗や，といしの目詰まりによって増加していき，研削抵抗による結合剤の脆弱化も伴ってと粒の破壊，脱落が生じ，その下から新たな切れ刃を持ったと粒がといし表面に現れる．研削加工中はこの現象が繰り返され，といし表面には常に新しい鋭い切れ刃を持ったと粒が自己再生で出現している．これをといしの"自生作用"といい，切削加工にはない研削加工の大きな特徴である．

3.3.2 といしのトラブル

研削といしの種類の選定を誤ったり，研削加工の進行によりといしの研削面に障害が生じる場合がある．その障害の代表的なものが次の三つである．

(1) 目詰まり：研削加工中に微細な切りくずなどが気孔内に詰まること．

(2) 目つぶ（潰）れ：研削加工中にと粒切れ刃が摩滅して，といしが平坦になること．

(3) 目こぼ（零）れ：研削加工中にと粒を保持している結合剤の強度が弱く，研削抵抗に耐えられずにと粒が脱落すること．

目詰まりや目つぶれによる障害は，正常な研削加工中にも生じ，ドレッシングを施すことにより解消できる．ただ，頻繁に生じるようであれば，といしの種類を再検討する必要がある．

目こぼれによる障害は，といしの選定ミスが原因であることが多いので，といしの種類を再検討しなければならない．

3.3.3 といしの調整

研削といしはその性質上，長時間加工を行っていると，自生作用によると粒の脱落で研削面が変形したり，目詰まりや目つぶれによって正常な切削が困難となってくる．これを解消し，といしを再生させる目的でといし表面にダイヤモンドなどを押し当ててといし表面を一皮剝いて，といし表面の形状を整え，新しい切れ刃を出す作業を行う．このといしの"形直し"をツルーイング（truing）といい，"目直し"をドレッシング（dressing）という[3]．ただし，どちらの作業手段も同じであり，ツルーイングしながらドレッシングすると考えてさしつかえない．

研削といしは，図3.2に示したように，と粒を気孔が配置された形で結合剤で固めたものであり，均質化の努力はされているものの，その構造上，どうしてもアンバランスとなる要素が内在している．しかも，研削条件をみると，といしを高速で回転させることが常であるため，回転バランスが崩れると，といしが振動し加工面や研削盤に悪い影響を与えるばかりでなく，最悪の場合はといしが破壊することすら想定できる．これを避けるため，研削といしは釣合錘を取付け，念入りにバランス調整して使用しなければならない．研削盤にはこの調整装置が必ず付属しており，最近は，自動的にバランス調整を行う装置も使用されている．

3.3.4 研削加工の種類

研削加工は，加工される工作物の形態の違いから，円筒面を加工するもの，平面を加工するもの，そして，異形状を加工するものに大別される．

ここでは，外面円筒面と平面の加工について，一般的に行われる3種類の加工方法を紹介する．

表3.4 代表的な研削加工の方法

	外面円筒研削	平面研削	送り・切り込み
トラバース研削	(1)	(4)	送り速度 　速い（往復） 切り込み 　少ない（2～20μm）
プランジ研削	(2)	(5)	切り込みのみ
クリープフィード研削	(3)	(6)	送り速度 　遅い（ワンパス） 切り込み 　多い（0.1～10 mm）

a．外面円筒面加工

1）トラバース研削（表3.4(1)）　といしを工作物の端で切り込み，工作物の軸方向に送りをかけて研削する，最も一般的な加工方法である．切り込み量は，通常，0.002～0.020 mm とわずかである．

2）プランジ研削（表3.4(2)）　工作物の軸方向の送りはかけずに，切り込み方向に送りをかけ，といし幅だけ研削する高効率な加工法であり，量産品の加工に広く用いられている．また，総形成形といしでの加工にも用いられる．

3）クリープフィード研削（表3.4(3)）　工作物の軸方向に送りをかけて研削する方法はトラバース研削と同じであるが，切り込み量を 0.1～10 mm と多くして軸方向の送りを極端に遅くし，ワンパスで加工する方法である．ねじ研削盤など，前加工の形状誤差が仕上げ精度に影響するのをきらう加工に用いられる．なお，クリープ（creep）とは，"這う"という意味で，這うように遅い送り速度で加工することから名付けられている．

b．平面加工

1）トラバース研削（表3.4(4)）　テーブルを左右に送るごとに切り込みや前後送りをかけ平面を研削する最も一般的な平面加工法である．切り込み量は，

通常，0.002～0.020 mm とわずかである．

2） 総形成形研削・プランジ研削（表3.4(5)）　工作物を前後左右に送らず，切り込み方向に送りをかけ，総形成形といしでの型彫りや溝加工を行う方法である．ややもすれば加工機に大きな負荷が加わるため，加工には注意が必要である．

3） クリープフィード研削（表3.4(6)）　テーブルを左右に送りながら研削する方法は，トラバース研削と同じであるが，切り込み量を 0.1～10 mm と多くし，テーブル送りを 10～20 mm/min と極端に遅くする加工法である．金型などの総形研削など形状精度の求められるところに使用される．

3.4 研削盤の種類

切削加工を行う工作機械と同様，研削盤も工作物の形状に応じて種々の形式がある．表3.5に切削加工機と研削加工機の工作物形状による対比を示す．

3.4.1 円筒研削盤 (external cylindrical grinding machine)（図3.5）

研削といしの回転運動で主切削を行い，工作物の回転送りと軸方向送りによって円筒形工作物の外周加工を行う．多くは，工作物の軸方向の送りを工作物を取付けているテーブルの運動で行う (Norton type) が，他方，といし台の運動で行う機械もある．

3.4.2 内面研削盤 (internal cylindrical grinding machine)（図3.6）

円筒形内面の加工に用いられる．使用するといしの外径は研削される穴の内径より小さいのでといしの損耗が早く，また，小径といしではといし軸の回転速度を上げても十分な研削速度が得にくい．多くの場合，工作物に回転送りを与えるが，大型工作物やセンター穴加工用の特殊用途では，といし軸に遊星運動させる場合があり，プラネタリー形と称する．

3.4.3 芯なし研削盤 (centerless grinding machine)（図3.7）

円筒研削盤や内面研削盤が工作物の回転中心やセンター穴を基準として加工するのに対し，工作物外周を基準として，その外周を研削する．大量生産品や中空円筒形状でセンターやチャックで支えることのできない工作物の加工に用いられ

3.4 研削盤の種類

表 3.5 工作機械の分類表

		切削工作機械	研削工作機械
円筒面を加工する機械	外面を加工する機械	普通旋盤 タレット旋盤 自動旋盤 数値制御旋盤 ならい旋盤 ターニングセンター	円筒研削盤 万能研削盤 芯なし研削盤
	内面を加工する機械	直立ボール盤 卓上ボール盤 ラジアルボール盤 ポータブルボール盤 中ぐり盤 精密中ぐり盤 治具中ぐり盤	内面研削盤
平面を加工する機械	工具が直線運動の機械	形削り盤 平削り盤 (縦削り盤)	
	工具回転軸が加工面と平行の機械	横フライス盤	平面研削盤 (といしの円筒面を使用)
	工具回転軸が加工面と垂直の機械	立てフライス盤 プラノミラー 中ぐり盤 マシニングセンター	平面研削盤 (といしの端面を使用)
異形状を加工する機械		ホブ盤 歯車形削り盤 歯車シェービング盤 ブローチ盤 マシニングセンター	歯車研削盤 工具研削盤 成形研削盤 グラインディングセンター

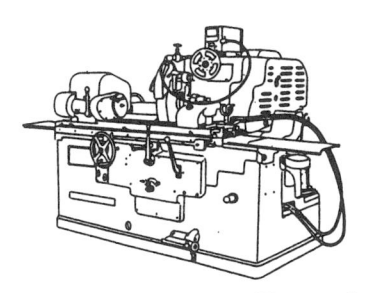

図 3.5 円筒研削盤と円筒研削

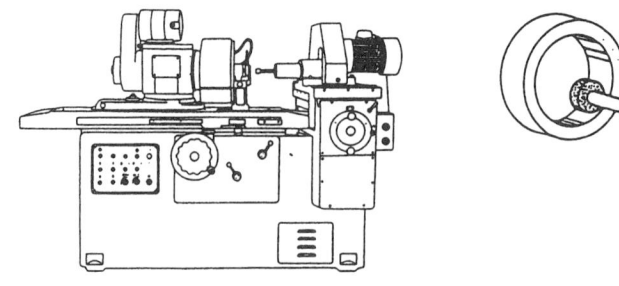

図 3.6　内面研削盤と内面研削

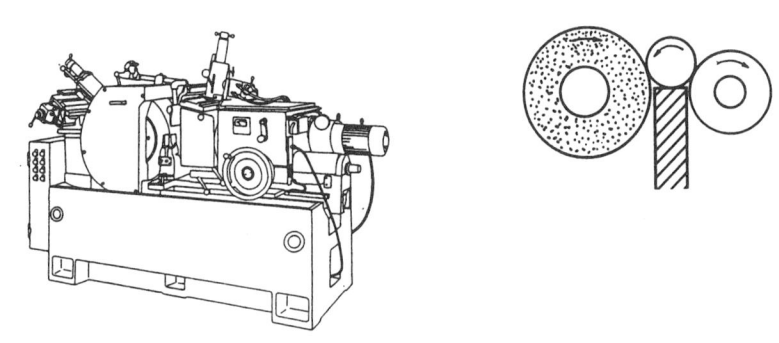

図 3.7　芯なし研削盤と芯なし研削

る．

3.4.4　平面研削盤 (surface grinding machine)（図 3.8, 図 3.9)

工作物を乗せた角テーブルを左右に送り，回転するといし車を送り軸と直角方向に切り込んで平面加工する研削盤で，といしの円筒面で研削するものと，といしの端面を使用するものとがある．前者は多くが横軸形で，汎用性が高く，工作精度も良いが生産性はやや低い．後者は多くが縦軸形で，生産性は高いが工作精度はやや低い．両タイプとも，左右送りの角テーブル形のほかに円テーブルを旋回させる形式もある．

3.5　最近の研削の動向

3.5.1　グラインディングセンター (grinding center)

通常，研削盤は，一つのといし車のみを持ち，単一の加工しかしない単機能で

3.5 最近の研削の動向

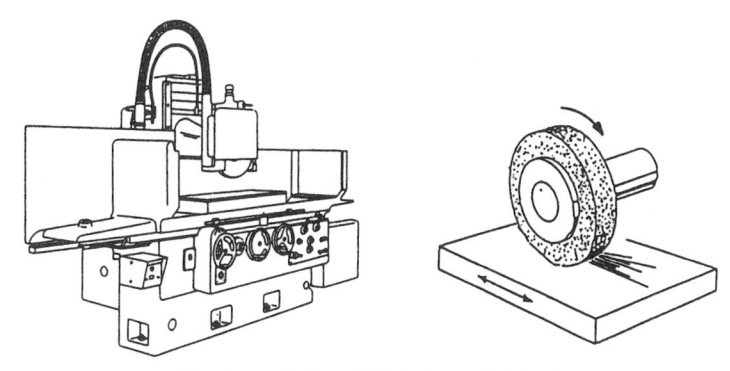

図 3.8 横軸角テーブル研削盤と横軸平面研削

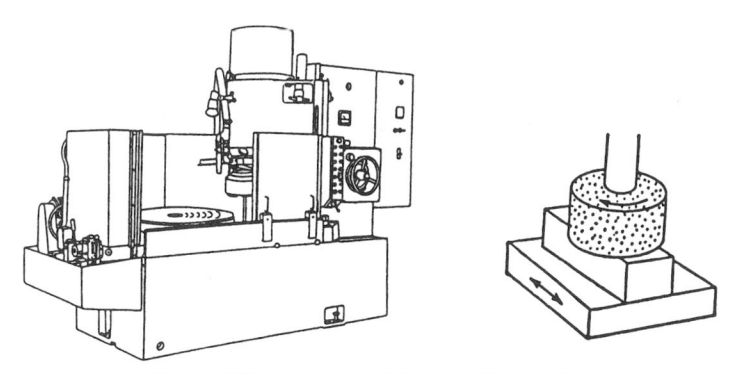

図 3.9 縦軸回転テーブル平面研削盤と縦軸平面研削

ある場合がほとんどである．しかし，最近，いろいろな形状のといしを自動で交換し，送り方向も NC 制御で 3 次元に行うことのできる研削盤が登場してきた．工作物をテーブルに固定すれば，荒研削から仕上げ研削，いろいろな溝や穴，平面加工など，多種類の研削をこなす工作機械で，機能的に切削加工でのマシニングセンターと似ていることからグラインディングセンターとよばれる．金型などの複雑な加工形状を持つ工作物を加工する場合に用いられている．

　なかには，研削だけでなく，研削といしの代わりに，回転切削工具を取付けて素材から最終仕上げまですべて行うことのできる複合工作機械も出現している．また，製造工程で切削加工と研削加工との間によく行われる焼入れなどの熱処理までもレーザーを応用して実施し，一連の加工行程をすべて 1 台の工作機械で行

わせようとする試みもなされている．

3.5.2 高能率加工

最近，CBNと粒の出現やメタルボンドの発達など，といしの著しい発達や研削盤の高剛性化により，自動車部品や電機部品など大量生産品の加工に，いままで以上の高付加・高能率加工が実施されている．具体的には，3.4.4項で述べたクリープ研削やプランジ研削などである．

最近は，加工工程の省略，コストダウンが叫ばれ，切削による前加工なしで素材をそのまま焼入れなどの熱処理をして，いきなり研削で仕上げるという方法もとられている．

3.5.3 新素材の加工

ファインセラミックスやシリコン樹脂など，最近の非金属材料は，高硬度脆性素材が多く，通常の切削加工ではまったく対応できず，研削などと粒を使用した加工に依存せざるを得ない．このような材料の加工は，その性格上，IT関連分野などの精密部品としての用途が多く，加工精度も高いものが要求されるため，メタルボンドや電着のダイヤモンドやCBNといしが多用されている．

演習問題

3.1 切削加工と研削加工の違いを列挙せよ．
3.2 研削加工の特徴は何か．
3.3 といしの3要素・5因子を説明せよ．
3.4 と粒にはどのような性質が必要か．
3.5 鋼の研削にはAと粒・WAと粒が，非鉄金属の研削にはCと粒・GCと粒が用いられる理由を述べよ．また，硬度の高い超硬合金の研削に，硬度の低い非鉄金属の研削と同じGCと粒が用いられるのはなぜか．
3.6 ダイヤモンドと粒は万能か．
3.7 といしの結合剤に適する条件はなにか．
3.8 といしの自生作用とは何か．
3.9 といしのトラブルを列挙し，その対策法を示せ．
3.10 IT関連の新素材（ファインセラミックスやシリコン）の加工にはどのような工具

が使用されているか．また，その理由も述べよ．

参 考 文 献

1) 伊藤　鎮，竹中規雄ほか：工具事典，誠文堂新光社（1968）．
2) 浅枝敏夫，五十嵐修蔵，伊藤　鎮ほか：機械工作ハンドブック，養賢堂（1960）．
3) ツールエンジニア編集部：研削盤活用マニュアル，でか版技能ブックス⑦，大河出版（1990）．
4) 伊藤　鎮，本田巨範，竹中規雄：新編工作機械，養賢堂（1970）．
5) 森脇俊道，伊東　誼ほか：工作機械の設計学（基礎編），㈳日本工作機械工業会（1998）．

4. 研磨加工

　本章では切削や研削で得られない高精度，高仕上げ面性状，高仕上げ面粗さを得るための各種と粒加工法を研磨加工と定義する．多くの研磨（磨き）作業は，と粒などの研磨剤を加工面に擦り付けて行われる．このとき，切れ刃の支持は固定，遊離，および弾性体で支えられた半固定の各状態があり，同一のと粒を用いても研磨特性はこれらの状態で著しく異なる．工学的には多彩な研磨加工の品質目標とともに，加工費や能率といった経済目標も同時に満足させる加工法の選定が重要になる．ここでは，広く用いられている研磨加工をと粒の状態で分類して述べる．

　研磨加工の目的は，
① 不要な部分（バリ，かえりを含む）を取り除き，正規の寸法，形状に仕上げること．
② 表面の形状（凹凸の大きさと分布）や加工変質層を制御して，光学的，機械的，電気的，化学的，装飾用などの表面機能を与えること．
③ 機械的強度を与えること．
④ 完全表面を作ること．

などを達成することである．表4.1に製品事例として表面性状と製品機能の関係を示す．

　研磨加工が取り扱う精度は，鏡面仕上げから光の波長を下回る0.0001 mm程度の除去単位のオーダーに達する．このような除去単位の微小な加工は，摺動面の摩耗現象に類似している．摩擦・摩耗現象を取り扱うトライボロジー[1]では，この種の現象を「表面の相対運動下の表面と界面の化学と技術」にかかわる学問として体系化している．その中で，摩耗は「表面の相対速度の結果として，物体の作用面から物質が脱落していくこと」と定義され，除去を意味する．ここでは，摩耗現象からみた研磨加工原理について述べる．

　摩耗にはアブレシブ摩耗（abrasive wear），凝着摩耗（adhesive wear），腐食

4.1 強制加工と加圧加工

表 4.1 表面性状と製品機能[2]

工業的表面機能	事例
光の反射，屈折	レンズ，鏡
接触・摺動・転動時の摩擦，摩耗	軸受，整流子，磁気ヘッド
接着，付着	ハードディスク，プリント基板，グラビアロール
気密，シール，洗浄	バルブ，ピストンリング，真空ポンプ用のフランジや配管
電気伝導，熱伝導	電気スイッチ，熱交換器
材料強度	疲れ破壊，腐食，セラミックスの破壊
外観（加飾），触感	建築金物，装飾品，洋食器

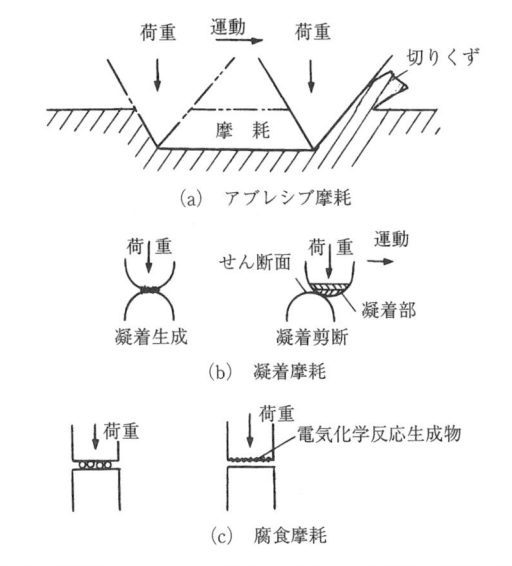

(a) アブレシブ摩耗

(b) 凝着摩耗

(c) 腐食摩耗

荷重と摩擦力→クラックの発生→クラックの成長→破壊・脱落
の繰り返し

(d) 疲労摩耗

図 4.1 摩耗形態

摩耗（corrosive wear），疲労摩耗（fatigue wear），侵食摩耗（erosion wear）の五つの形態がある（図 4.1）．

　アブレシブ摩耗は，硬い相手面の突起や二面間に入り込んだ硬い粒子によって柔らかい面の材料が取り去られることで生じる．おおむね除去加工はこの現象である．

凝着摩耗は，二面間の過酷な相互作用の結果，材料が移着して生じる．凝着した接触面では，化学的な結合と物理的な溶着が生じていることが考えられる．

腐食摩耗は，相対運動とともに大気中の酸化を含めた化学的作用または電気的作用によって生じる．侵食摩耗が生じなくても，もし化学反応生成物が相対運動の結果として脱落すれば，腐食摩耗となる．

疲労摩耗は，表面が高い繰り返し応力を受けるとき，表面もしくは表面直下のき裂が形成される結果，表面から薄片が除去され，くぽみまたは浅い穴となる現象である．

侵食摩耗は，固体粒子が含まれる粒体の流れによって生じる摩耗のことである．これは，液体—固体，気体—固体の流れのシステムにおいて直面する問題である．

これらの摩耗形態が研磨加工の基本であり，摩耗が生じやすい環境を作ることが加工原理となっている．疲労摩耗を除く他の摩耗の加工への応用は，高い能率のときは加工物より硬い材料（と粒）の削る作用が主であり，除去単位が小さくなれば表面の化学的現象も無視できなくなる．加工の観点では，機械加工のメカニズムは削る作用と原子・分子の配列をじょう乱する作用であり，材料へ転位，空孔やき裂などの材料欠陥を導入，増殖，運動させて破壊を行うことである．

高精度に加工することは，応力場を小さく欠陥範囲を縮めて表面の最も近い場所へ最大応力を発生させることにすぎない．さらに，要求が高まって加工変質層をなくすためには，除去単位を原子単位まで小さくする必要があり，機械加工では原理的に限界がある．この場合，凝着摩耗や腐食摩耗にみられるような化学的作用や電気的作用に基づいた加工原理が必要になる．

4.1 強制加工と加圧加工

加工では，任意の形状を得るため，切れ刃（と粒）と加工物の間へ切り込みと相対的な運動を与えて，不要部分を切りくずの形で分離，除去する．切り込みは定められた量と圧力の二つの与え方がある．前者を強制加工，後者を加圧加工と称する．

強制加工は，工具と加工物の干渉を寸法で与えるので，除去寸法から加工時間が正確に予測できる．この切り込み方式は，加工能率を優先する切削早研削加工に用いられている．また，強制加工では，加工物の寸法とその精度は工具の運動

4.1 強制加工と加圧加工

精度で決まり,「加工物には工作機械の運動精度が転写されるとともに,工具摩耗,弾性変形の誤差要因が加わるので,加工精度は工作機械の精度を超えることができない」という母性原理が成立する.

加圧加工は,常に一定の圧力を与えて切り込む方法で,ラッピング,ホーニングや超仕上げ加工の研磨加工の切り込み方式として主に採用されている.

4.1.1 加圧加工の特性

加圧加工の特性[3]としては,第1に,平滑化が自然に行われることである.相対運動の源と工具間に適切なカップリングを持つ工具を図4.2のように凹凸のある加工物面へ押し付けたとき,工具は加工物の最も高い3点を支点にして接触,静止する.微少な切れ刃が平面に並ぶ工具のとき,加工物は接触部だけが選択的に加工される.このとき工具の形状が保たれるならば,加工物には工具形状が転写されるため,工具の運動精度を超えた平滑な面が得られる(この加工状態は工具が加工上面に対して浮いているように作用するので,浮動原理—floating principle—と呼ばれる).

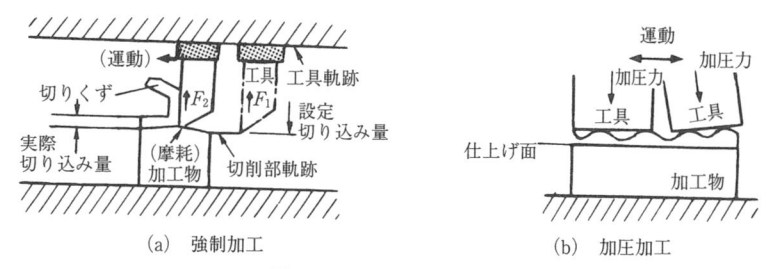

図4.2 強制加工と加圧加工

第2に,使用する微粒といしは切れ刃(と粒)が小さいうえ,[平均と粒径の1/2]＞[切り込み量]の関係が成立するので,切り込み量はきわめて小さくなる.加えて,多数の切れ刃が同時に作用するため,切り込み力が分散して切り込み量も微小になる.

この原理を図4.3の簡単な例で確認する[4,5].まず,切れ刃を頂角2ϕの円錐として平面の単粒切削モデルを考える.加圧力fは,

$$f = \frac{P_m}{2} \times \pi t^2 \tan^2 \phi \qquad (4.1)$$

であるので，切り込み量 t は，

$$t = \sqrt{\frac{2f}{\pi P_m \tan^2 \phi}} \qquad (4.2)$$

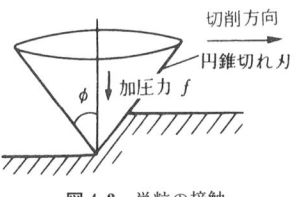

図4.3 単粒の接触

になる．ここで，f：単粒の加圧力，P_m：被削材の降伏圧力（$P_m = 1.08 H_V$，$H_V =$ ビッカース硬さ）．

と粒が無秩序に分布して体積率 V_g のといしを用いたとき，単位面積当たりのと粒数 n は，

$$n = 6 V_g / \pi d_g^{2\eta} \qquad (4.3)$$

となる．ここで，d_g：平均と粒径，η：と粒体積効率（と粒体積/直径 d_g の球の体積）．いま，平均と粒径 15 μm，$V_g = 0.4$ のとき，$n \fallingdotseq 3400$（個/mm^2）になる．仮に，焼入れ鋼（$H_V 720$），$\phi = 60$，加圧力 10 kPa で加工するとき，切り込み t は 6 nm 程度になり，容易に微小切り込みが得られることになる．加工精度の限界は加工単位の大きさで決まるため，加圧加工ではきわめて高い寸法精度が得られることを示している．

第3に，加圧加工では，通常，工具と加工物が面で接触し，多方向運動するので，精度が平均化，均等化することである．この結果，加工により形状の崩れた工具が，加工物により再び形成されるという"相互転写"も生じることになる．また，多方向運動により切れ刃へ異なった方向から切削抵抗が加わると粒破壊の機会が増えるので自生的な目直しも生じやすくなる．また，多方向からの規則的

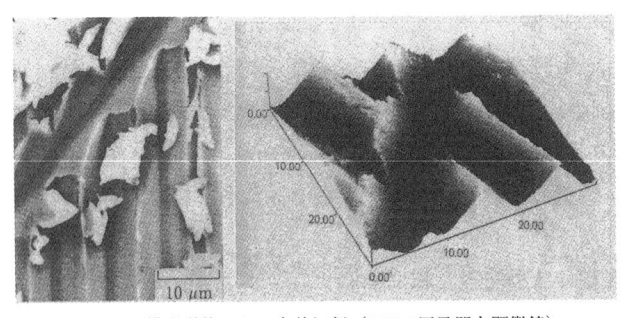

図4.4 模型単位による交差切削（AFM 原子間力顕微鏡）

な切削(交差切削)は,延性材料のとき切削痕に形成される盛り上がり部が別の切削痕で交差したときに,通過部が母材から切りくずとして分離されやすい.また,切りくずの長さも短いので,加工部からの排出が容易になる.この結果,微粒といしでも比較的高能率に加工できる(図4.4).

このように加圧加工では,微粉のと粒を用いることに加えてフローティング原理,ならびに加工物と工具間の相互転写作用の特徴があり.より高い寸法精度と仕上げ面品質を得ることができる,これらの条件を保つ適切な加圧加工の下で,工作機械の精度を超えた加工精度が得られることになる.

4.1.2 加圧加工の機構

いま,図4.5に示す加圧加工モデルのように,粗い面のといしが平面の加工物に接触し相互運動するときの引っ掻き作用を想定し[5,6],仕上げ量と仕上げ面粗さを推定してみる.

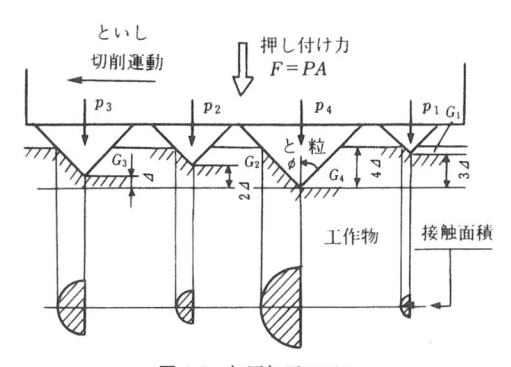

図4.5 加圧加工モデル

みかけの接触表面積 A のといしは,円錐切れ刃がそれぞれの高さ間隔 Δ ($\neq 0$) で分布する.

$$\Delta = d_g/nA = \pi d_g^{2\eta}/6V_g A \tag{4.4}$$

切削量 V は,切れ刃が動くとき形成される溝の断面積 a とすれば式(4.2)より,

$$a = 2f/\pi P_m \tan\phi \tag{4.5}$$

$$F = \Sigma f = PA \tag{4.6}$$

ここで，P：押し付け圧力，F：押し付け力，L：移動距離とすれば，
$$V = \Sigma a = 2FL/\pi P_m \tan\phi = 2PAL/\pi P_m \tan\phi \tag{4.7}$$
となる．

式 (4.7) は，実際の加工と良く一致して定性的に加工現象を表している．すなわち，切削量は押し付け圧力，接触面積比，切削距離に比例し，加工物の硬さ，切れ刃の鋭さに反比例する．

つぎに，仕上げ面粗さは，最大高さ R_y が最大切り込み深さ t_{max} に等しいとすると，同時に作用すると粒数 na は，
$$na = (6PA/\pi P_m \Delta^2 \tan 2\phi)^{1/3} \tag{4.8}$$
$$t_{max} = na\Delta = (\eta d_g P/V_g P_m \tan 2\phi)^{1/3} \tag{4.9}$$
になる．と粒径が大きく，と粒体積率が小さく，切れ刃が鋭く，押し付け圧力が大きいほど仕上げ面粗さは大きくなり，加工結果とよく一致する．実際の加工では，加工界面に生じる切りくずの大きさとその運動が加工現象に影響を及ぼしている．このため，切りくずの挙動を決める加工条件，といしの構造の適切な選択が重要になる．

4.2　固定と粒による研磨加工

4.2.1　ホーニング加工

ホーニングは，広義に「滑らかな仕上げ面や精密な寸法を得るための油といし（細粒度・高密度といし）を用いた磨き仕上げ法」の意味で用いられる．狭義には，角といしを用いた円筒内面の加工法のことである[8]．このホーニングは，1924年，Barnes Drill Co. において自動車内燃機関の燃焼室内面（ピストンとの摺動面：以下シリンダー面と呼ぶ）の加工法として開発された．加工物は，直径寸法，真円度，円筒度の精度とともに表面の耐摩耗性がすぐれるので発展を続け，ほとんどの内燃機関のシリンダー面で最終仕上げ法となっている．ここでは，狭義のホーニング加工について述べる．

a．加工方法と加工機構

図 4.6 は，モデル化したホーニングの加工様式である．加工では多量の加工液を注ぎながら，ホーンと称する保持具に取付けた角形のといしが加工物中を回転と往復の運動を行うとともに，ホーンの拡張機構で拡大される．一般に，加工系

4.2 固定と粒による研磨加工

には加工物とホーンの軸心位置や軸間の傾き誤差を吸収するため，加工物を揺動できる治具を用いるか，ホーンの回転軸へ自在継手を配して加工機の運動から加工部を分離浮動（floating）した状態で加工する．結果，ホーニングでは加工の進行とともにといしの表面（ホーン）の軸と加工物の軸心が一致するようになり，下穴（加工前の穴）に沿った加工ができる．このように，ホーニングでは穴の中心位置や端面の直角度を矯正することはできないが，加工物とツールの正確な芯出し作業が不要となり，仕上げしろを最小限に設定できる．また，といしを用いるので仕上げ面粗さが安定する．加工中にといしと加工部が面で接触するので，ストローク方向のといし寸法より短い波長のうねりや，回転方向のといし幅より狭い範囲の形状誤差を除くことができる．図4.7の不正な穴型は，

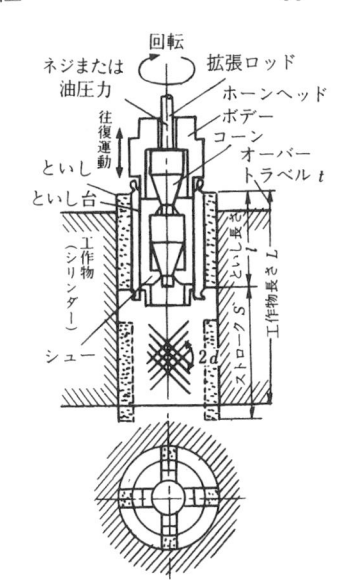

図4.6 ホーニング加工の加工様式[9]
$S = L + 2t - l$

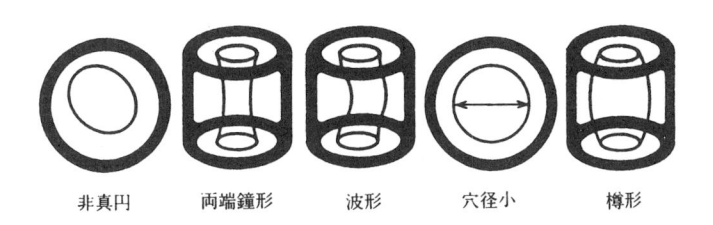

非真円　両端鐘形　波形　穴径小　樽形

テーパ　ボーリングマーク　リーマーチャタマーク　虹形　ミスアラインメント

図4.7 不正穴の例[9]

仕上げ面粗さとともに真円度，真直度や円筒度が改善できる．

b．加工の特徴

ホーニングの特徴は，以下のとおりである．

① 微粒といしが工具になるので，仕上げ面粗さの繰り返し性が高い．
② 円筒内面の摺動面で，L/d（L：加工物長さ，d：加工物直径）が大きい加工物や，加工物の回転が困難な重量物が加工できる．
③ 真円度直径の誤差を1～0.1 μm程度に仕上げることができるので，研削を超える寸法精度（真円度，円筒度）が得られる．
④ 微粉といしを用いて，加工圧力を比較的低く，かつ切削速度を比較的遅く，加工温度を比較的低くできるので，加工部の表面変質層を薄く，適正な条件の下で圧縮の残留応力を付与できる．したがって，加工面は耐摩耗性，耐食性，低摩擦性能，耐シール特性，耐焼付き性などにすぐれる．とくに，SiCと粒を用いた鋳物のシリンダー面では，グラファイトの開口率が高く，潤滑性が向上するので，内燃機関の燃焼室の加工に用いられている．そのほか，コンロッド，変速機のギア，油圧シリンダー，油圧・空任用バルブなどの内径加工に用いられる．
⑤ 加工基準が下穴となり，中心線の最近接部から接触加工するため，仕上げしろが最小限に設定できて経済的である．

c．ホーニング加工機

加工機は，主軸のストローク方向（通常，回転軸と平行）が水平のとき横軸機，垂直のとき縦軸機と呼ばれる．縦軸機は，加工物の長さが1 m以下のときや，加工物が重くて固定が困難な場合に用いられている．横軸機は，加工物が長くて建物の梁下高さが確保できないとき（たとえば，3 mの加工物であれば8 m近い機械となり，通常の建物では収用できない）や，加工部を水平に置くほうが取り扱いやすく，固定が容易なときに有効である．以下，構成要素に分けて説明を加える．

といしの拡張方式は，図4.8に示すように定圧拡張方式と定速拡張方式に分類される．

定圧拡張方式は，油圧や空圧のシリンダーでコーンを一定の圧力で押すことでといしを切り込む機構である．定圧拡張方式は，加工物へ接触するまでシリンダーが無負荷で動くので，エアーカット時間を短縮でき，また簡単で安価である．

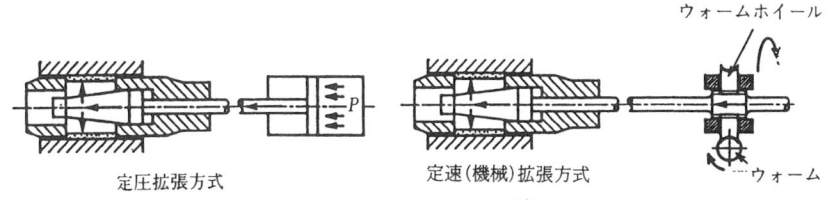

図4.8 といしの拡張方式[9]

定速拡張方式は，ボールネジなどを用いてコーンを一定量移動させて切り込みを与える機構である．この方式では，切り込みを停止すればといし表面の寸法を設定できる．加工中のといし摩耗が少ないダイヤモンドやCBNといしを用いれば，仕上げ寸法を制御できる．また，一定量の仕上げしろを一定時間で加工できてわずかの形状修正も可能である．これらを併用した定圧・定速併用拡張方式は，加工時間を限界まで短縮することができるので，同一部品を大量生産するときに用いられている．

加工物のクランプは，設計上，切削抵抗で加工物が回転しないこと，固定させる力で加工物が変形しないこと，加工部とホーン揺動機構を阻害させないことが考慮され，端面クランプ，チェーンタイプ，ジョークランプ，エアーチャックなどの方式などが用いられている．

また，ホーニングツールは，スロットルタイプ，フランジタイプ，シェルタイプに分けられる．

定寸装置は加工中の加工物寸法を直接計測する直接方式と，前加工を管理しタイマーで仕上げるような間接方式がある．このうち，直接方式には次のものがある．

(1) ゲージ方式：非常に小さいテーパのついた定寸ゲージの出入りで計測する方式で，ゲージには加工軸上で中空プラグを挿入するものや，固定治具上でゲージバーを用いるものなどがある．

(2) 空気ゲージ方式：ホーニングヘッドへエアーマイクロメータを組み込んだものが一般に用いられる．さらに長時間の自動運転を行うために，ホーニング後のステーションへ計測専用機を設置し，加工機中の計測器へ正確な値をフィードバック補正するシステムが用いられる．

といしは，研削といしとほとんど同様のものが用いられ，加工物の材料，形状，

表4.2 ホーニングといしの表示方法[9]

CBN	200	J	100	M

と粒の種類	粒度	結合度	コンセントレーション (組織)	結合剤の種類	処理
合成ダイヤモンド SD	粗粒 60, 80, 100, 120	軟位 F, G, H, I	粗 30〜60 (11, 12, 13, 14)	メタルボンド M	S：イオウ 樹脂 油脂
立方晶窒化ホウ素 CBN	中粒 140, 170, 200, 230, 270, 325	中位 J, K, L, M	中 80〜120 (8, 9, 10)	ビトリファイド ボンド V	
アルミナ質 A, WA	(150, 180, 220, 240, 320)	硬位 N, O, P		レジンボンド B	
炭化ケイ素質 C, GC	細粒 400, 600, 800, 1000, 1200		密 130〜160 (5, 6, 7)	電着法 P	

注：( ) 内は，通常のホーニングといしに対し示される場合である．

要求精度に基づいて個別に設計される．表4.2に表示例と内容を，図4.9には各種の形状を示した．

ホーニング作業では，ドレッシング（再目立て作業）は行わない．目詰まり，目こぼれ，目つぶれの形態が生じた場合は，一般にといしの硬度を変更することが行われる．

加工液の役割は，と粒と被削材間の潤滑（スクラッチきずの防止），破砕したと粒や被削材切りくずの洗浄，加工熱の冷却などである．

加工液の種類としては，鉱油，動物油脂，合成油の油性と水溶性油が用いられ，加工液の管理には，切りくずやといしくずによるきずなどの不具合を避けるためフィルターが用いられる．フィルターにはマグネット，ペーパー，バグ，沈殿槽，凝集剤などが用いられる．特殊精度の部品に対して，加工物の温度を一定に保ち，熱膨張収縮の影響を避けるために，沈殿層に冷却装置（オイルクーラー）を併設する．冷却装置には加工油の酸化防止，蒸発防止の効果も期待できる

d. 加工条件と諸現象

加工面上のと粒で形成された切削溝は，図4.10に示すように，クロスハッチ形状が描かれる．その交差角 α は，

$$\alpha = 2\tan^{-1}(V_a/V_u) \qquad (4.11)$$

ここで，V_a：軸方向最大速度 $=2LN$，L：ストローク長，N：ストローク回数

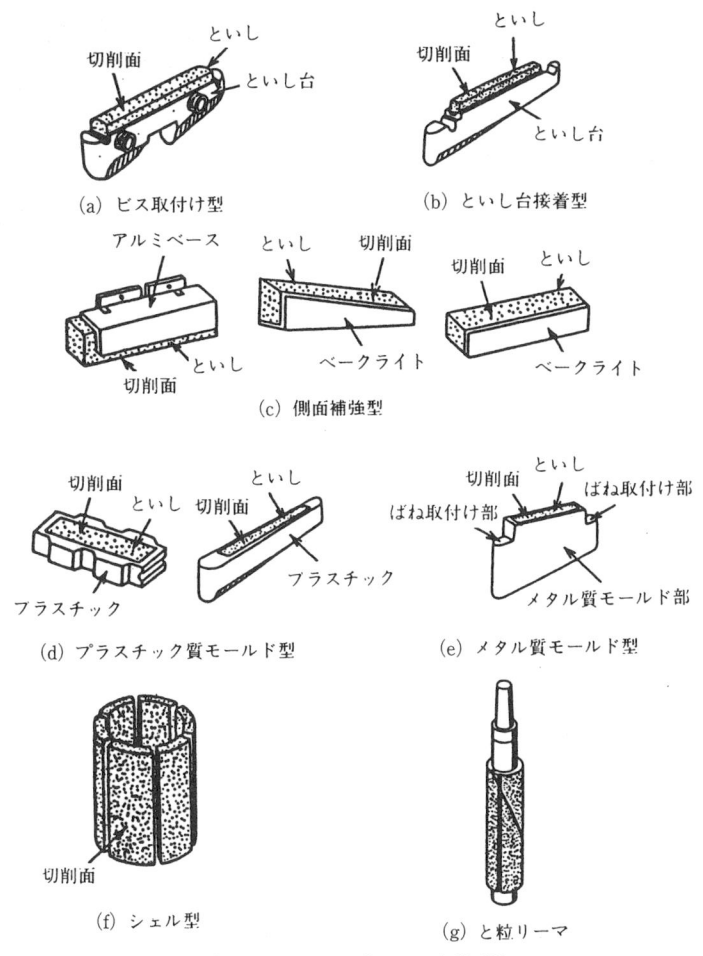

図4.9 ホーニングといしの各種形状

$[\min^{-1}]$,V_u：軸方向速度 $=2\pi Dn$，n：ホーン回転数 $[\min^{-1}]$，D：加工物直径．

　切削抵抗が作用する方向はホーンのストロークにつれて変化する．この変化はと粒にも作用するので，と粒の破砕確率が増加し，目詰まり，目つぶれしたといしの自生作用を促し，といしは切れ味の良い状態が保たれやすくなる．

　切削速度は，ホーンの回転と軸速度の合成されたものである．

　一般的なホーニングの取りしろ H は，

$$H = 2R + U + T + S \quad (4.11)$$

ここで，R：前加工仕上げ面粗さ，U：真円度，T：テーパ，S：真直度．

といしの接触圧力は，粗加工では1～2 MPa，仕上げ加工ではその1/2程度で作業される．

e．ワンパスホーニング

ワンパスホーニング（シングルパスホーニング）は，回転するツールを加工物へ通過させることにより，1回のストロークで取りしろを除去する加工法である．加工中のと粒破壊，と粒摩耗により仕上げ径が変化することを防ぐため，ダイヤモンドまたはCBN（両者を含めて超と粒という）が電着された工具が用いられる（図4.11）．

特徴は，ホーニング加工に対して拡張機構がないので，装置が簡単なため安価である．また，といしの接触面積が小さいうえに加工が1ストロークで完了するため，加工面に穴や溝があって不連続加工のときや，異種材料の接合材にみられる部分的に剛性が異なった部品においても高精度が得られる．とくに，拡張機構が組み込めない小径穴に対して有効である．と粒による切削加工であるため，延性材料では切りくずが分断されないため長くなり，工具上に押し付けられて溶着を生じ工作物にきずを生じやすい欠点があるが．切りくずが分断しやすい鋳鉄部品では，切りくずがチップポケットより排出されやすく，良好な加工面が得られるとともに工具寿命も長くなり，経済的な加工が可能である．量産加工では経済性を考慮したといしの拡張機構を持ったツールが用いられる．切れ刃部にといしを使って工具寿命を延ばすことによって，と粒を一層しか使えない電着と比較して工具コストを下げることができる．最近では，加工物の直径を計測するステーションを設け，結果を拡張量にフィードバック制御するシステムも現れている．

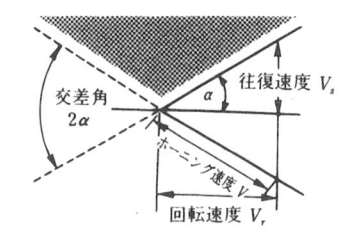

交差角 $2\alpha = 2\tan^{-1}\dfrac{V_s}{V_r}$

回転周速度 V_r と往復速度 V_s の合成された速度をホーニング速度 V という
$$V = \sqrt{V_r^2 + V_s^2}$$

図4.10 ホーニング加工面のと粒軌跡[9]

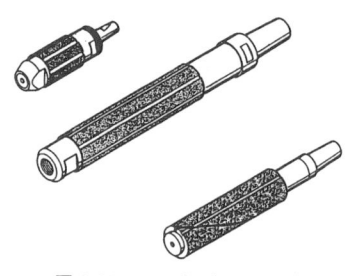

図4.11 ワンパスホーニング加工ツール[9]

4.2.2 超仕上げ加工

超仕上げ加工は，1930年代初期に米国の自動車メーカーのクライスラー社により考案された圧力切り込みと粒加工法である．この加工法は，自動車に組み込まれた正軸受け，コロ軸受けの軌道面に生じたブリネル圧痕を油といしで取り除けば，以後ブリネル圧痕が生じにくいことに着眼し，これを機械装置化したことが起源である．

a．加工概要

超仕上げ加工の最も簡単な運動の加工様式を図4.12に示す．微粒といしを加工部へ数MPa程度の圧力で押し付けながら，加工物の回転と直角方向へ数十Hzの振動を与えることで加工される．といしは，結合剤がビトリファイドやレジンであり，硫黄や高融点の油脂類などを気孔に充填して使用される．切削液としては，洗浄潤滑を主な目的として，脂肪分や硫黄・塩素系極圧剤を含む低粘度の鉱油が用いられる[10]．

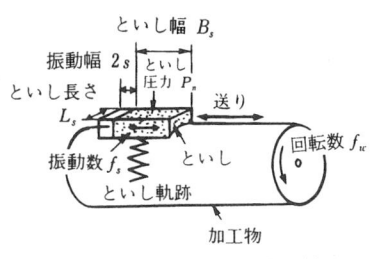

図4.12 円筒外面超仕上げ加工様式

と粒の運動は，加工物表面上に，振幅 a，波長 λ，加工物の回転数 f_w，といしの振動数 f_s を与えれば，

$$\lambda = \pi D f_w f_s$$

の正弦波の軌跡を描く．また，と粒軌跡の加工物回転方向に対する最大傾斜角 θ は，

$$\theta = \tan^{-1}(2af_s/Df_w)$$

最大切削速度 $V_{\max}$ は，

$$V_{\max} = \{(\pi D f_w)^2 + (2af_s)^2\}^{0.5}/1000$$

平均切削速度 V は，$\sin\theta$ を母数とする第2種楕円積分 $E(\theta)$ を用いて，

$$V = 2V_{\max} E(\theta)/\pi$$

切削距離 l は，加工時間を t とすれば，

$$l = Vt$$

となる．

b. 加工の目的と特徴

超仕上げ加工の目的は，次のようである．

① 表面欠陥や表面性状の改善（surface integrity）：素材表面に存在するきず，割れなどの表面欠陥，高能率な研削，切削，鍛造などの前加工で生じた金属の組成，金属の硬度，結晶，吸着，酸化に起因する加工変質層の除去．
② 幾何学的精度の改善：寸法，真円度，平面度，平行度．
③ 表面の幾何学的構造（surface texture）の改善．軸受け負荷能力，装飾性．
④ 適切な圧縮残留応力の付与：疲労強度の改善．

その加工の特徴は，以下の四つがあげられる．

① 仕上げ面が低摩擦抵抗，耐磨耗性，耐食性を持つ．
② 仕上げ面の切削痕のパターンやアボットの負荷曲線を制御できる．
③ 高い加工率と良好な仕上げ面が同時に得られる．
④ 機械の運動精度を超える精度が得られる．

超仕上げ加工の精密機械加工における役割は，同様の加工精度を得るとき，仕上げ能率が非常に高く，仕上げ面の性状がすぐれていることである．たとえば，焼入れ鋼の場合，寸法精度を $0.1\,\mu m$，仕上げ面粗さを $10\,nm \sim 0.8\,\mu m$，真円度

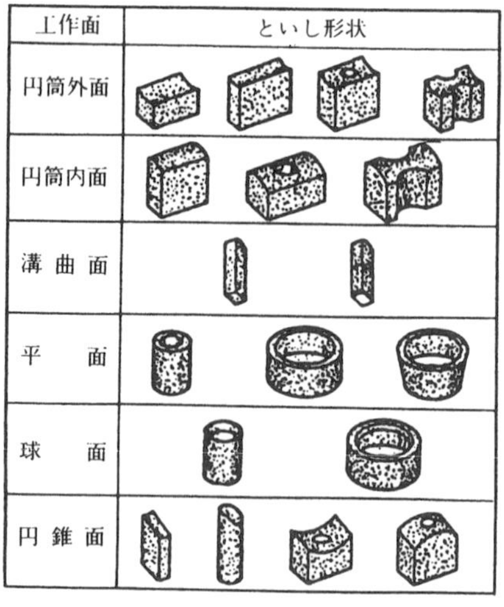

図4.13 超仕上げといしの各種形状（ミズホ）

4.2 固定と粒による研磨加工

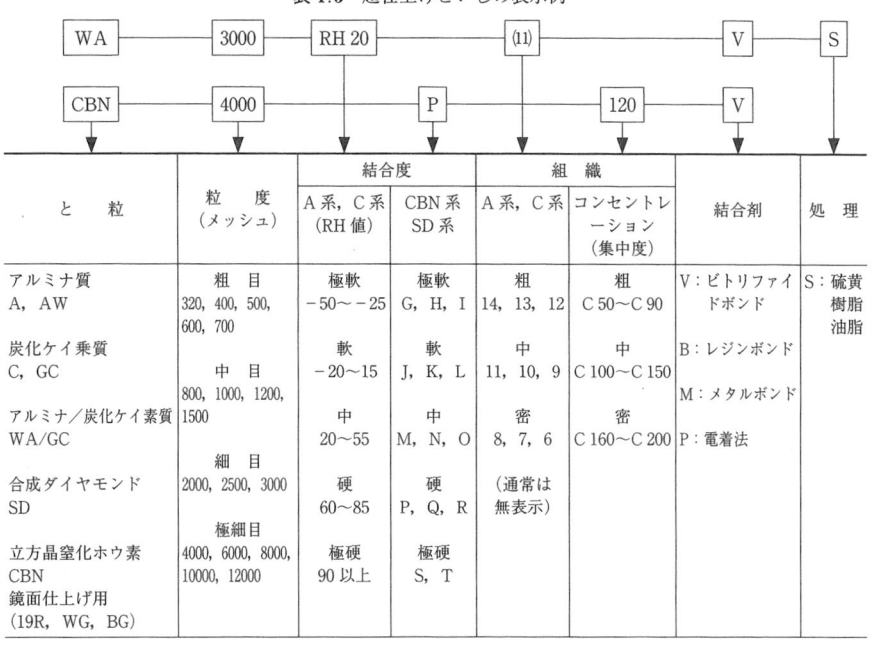

表 4.3 超仕上げといしの表示例[9]

```
WA ── 3000 ── RH 20 ──── (11) ──── V ── S
CBN ── 4000 ────── P ──── 120 ──── V
```

と 粒	粒 度 (メッシュ)	結合度 A系, C系 (RH値)	結合度 CBN系 SD系	組 織 A系, C系	組 織 コンセントレーション (集中度)	結合剤	処 理
アルミナ質 A, AW	粗 目 320, 400, 500, 600, 700	極軟 −50〜−25	極軟 G, H, I	粗 14, 13, 12	粗 C 50〜C 90	V：ビトリファイドボンド	S：硫黄樹脂油脂
炭化ケイ素質 C, GC	中 目 800, 1000, 1200, 1500	軟 −20〜15	軟 J, K, L	中 11, 10, 9	中 C 100〜C 150	B：レジンボンド	
アルミナ/炭化ケイ素質 WA/GC		中 20〜55	中 M, N, O	密 8, 7, 6	密 C 160〜C 200	M：メタルボンド	
合成ダイヤモンド SD	細 目 2000, 2500, 3000	硬 60〜85	硬 P, Q, R	(通常は無表示)		P：電着法	
立方晶窒化ホウ素 CBN 鏡面仕上げ用 (19R, WG, BG)	極細目 4000, 6000, 8000, 10000, 12000	極硬 90以上	極硬 S, T				

$0.1\,\mu m$，真直度 $0.1\,\mu m$ 程度の加工を数秒〜数十秒で加工できる．主な用途は，転がり軸受け，滑り軸受けの転動体や転動体の軌道面，内燃機関の燃料噴射ノズルやポンプなどである．表 4.3 と図 4.13 に超仕上げといしの表示例および超仕上げといしの各種形状を示す．

c．加工機械

　超仕上げ装置には，旋盤その他の工作機械に取付けて使用する超仕上げユニットと特定の加工物に対する専用機がある．超仕上げユニットは，振動機構，加工機構，といしの保持からなる簡単な装置である．といしの保持を工夫して内面の加工にも用いられる．専用機では，数カ所軸受けがあるシャフトなどの自動車部品を加工することができる．さらに，ころなどの部品では，センターレススルーフィードの送り機械に粗目から細目までのといしを順に並べた生産性の高い機械が用いられている．また，ボールベアリングの転動体軌道面超仕上げにピボット運動の揺動機構が用いられる．さらに，平面の加工は，高速回転するリング状と

4. 研磨加工

表4.4 超仕上げ加工様式と加工例

名称	加工物送り	といし動き	加工略図	加工物名称	仕上げ面粗さ〔μm〕 前加工	仕上後	真円度〔μm〕 前加工	仕上後	仕上げ代〔μm〕	加工時間〔s./個〕
円筒外面	なし	振動	(図)	シャフト軸受け テーパーローラー軸受	0.2	0.04	1.14	0.17	φ3-5	8
テーパ面	なし	振動+送り		内輪軌道面	0.45	0.1	1.45	0.45	φ4-6	6
				外輪軌道面	0.5	0.1	2.55	0.60	φ4-6	7
円筒外面	あり	振動	(図)	ニードルローラー	0.8	0.03	1.0	0.2	φ2-3	0.1
玉軸受け内輪	なし	揺動	(図)	玉軸受け内輪	0.3	0.02	0.5	0.25	φ7	10
玉軸受け外輪	なし	揺動		玉軸受け外輪	0.3	0.015	0.6	0.4	φ6	10
平面	なし	回転+振動	(図)	インジェクター バルブアッシー スペーサー	0.3	0.12 0.02	平面度 0.4 0.5		150-180 30	9 6

4.2 固定と粒による研磨加工

図 4.14 超仕上げ専用機（SEIBU 自動機器）

いし端面を揺動とともに加工物へ加圧加工する．表 4.4 と図 4.14 に，実用的な超仕上げ加工様式と加工例，および超仕上げ専用機の一例を示す．

d．加工原理

といしという観点から，インフィールド加工時の仕上げ特性は正常型，切削型，目詰まり目つぶれ型[11]に分類される．図 4.15 に，三つのタイプの接触過程を定性的に示し，図 4.16 に，超仕上げの加工過程を示す．

正常型は，仕上げ性能がドレッシング期，定常切削期，バニッシング期の三つの特徴的加工特性をもつ．ドレッシング期は，といしが加工物の粗い仕上げ面や，うねりの突起部と部分的に接触，局部で生じる高圧で破壊される（目直しされる）．同時にといしの平らな表面は粗く変わり粗い表面間の接触となり，高い切削性が現れる．

定常切削期は，加工期の切削と同時に，といしも加工物の粗さや形状に近付いて，互いに形状を近付けあい（"なじむ"と呼ぶ），と粒の大きさ単位の比較的安定した切削状態が得られる．バニッシング期は，といしと加工物の真の接触面積

	ドレッシング期		定常切削期	バニッシング期
WA	といし 〜〜〜 加工物	といし 〜〜〜 加工物	といし 〜〜〜 加工物	といし 〜〜〜 加工物

図 4.15 といしと加工物の接触過程

が広がり，真の接触圧力が低下し，混合潤滑から流体潤滑に近付く過程であり，ほとんど切削されない．

切削型は，バニッシング期が現れない状態で高い切削が続くものである．これは，定常切削期における切削抵抗が結合剤のと粒保持力より高く，と粒脱落が続くためである．

目詰まり目つぶれ型は，といし表面に部分的な溶着や激しい目詰まりを伴った加工で，仕上げ面粗さが部位により変動し，ときには前加工の残存によっても起こる．これはといしが硬すぎるとか，加工物の前加工精度の誤差が大きいなどの要因で，加工初期に目直しが全面に生じないために起こる．

超仕上げは，といしの自生作用を効果的に使った加工法である．したがって，安定した精度とコストを得るためには，加工前の精度と粗さが一定値以下に揃うことが重要である．また，といしの接触面積が比較的広い加工のため，切りくずの生成位置と接触面より外部への排出，

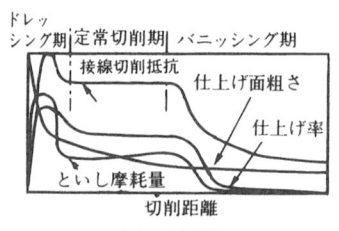

(a) 正常型

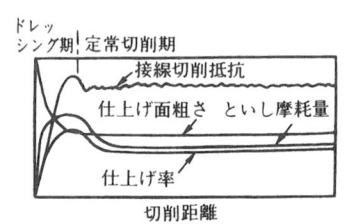

(b) 切削型

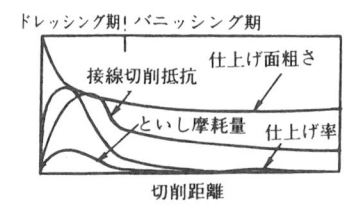

(c) 目詰まり目つぶれ型

図 4.16 超仕上げの加工過程

なじみや切りくずの逃げる溝の形成されやすさとともに，切削に関与すると粒の保持力が必要となるため，といしの適切な選定と高い再現性が必要である．

4.3 半固定と粒による加工

4.3.1 研磨布紙加工

研磨布紙（coated abraslves）とは，研削といし（bonded abrasives）に対する用語であり，紙あるいは布などの可撓性（変形性）を持つ基材上へ研磨材を接着剤で固着したものである．その形状には，シート，ロール，ベルトなどがある．

研磨布紙は，と粒，基材，接着剤の3要素で構成される．これらの研磨布紙の3要素は，用途，要求される研磨性能に基づき選定設計される．これらの3要素

を作り込む製造工程は，と粒を基材へ固定する工程と接着剤にクラックを作り，柔軟性を与える工程に分けられる．

研磨布紙は，JIS R 6251～R 6256 で，研磨材，研磨紙，耐水研磨紙，エンドレス研磨ベルト，研磨ディスク，研磨ベルトとして規定されている（図4.17）．

研磨材はほとんどの研削といしと同様のものが用いられている．研磨層が単層のため，研磨布紙は研磨といしと比較して工具の価格が高くなる．したがって，研磨材の純度を高めて欠陥を減らし耐破壊性を向上させ，分級，整粒精度を上げ研削抵抗の部分的集中を避けることが望まれ，一般には，フリント，エメリーやガーネットが非金属や木材の加工に用いられている．

図4.17 研磨布紙

基材の材料は，紙と布に分けられているが，ほとんどの分野で同等に用いることができる．布製品は紙製品に比べ2倍以上の価格のため，用途が水溶性研磨油を用いる重研削のときや，加工物が高温で取りしろのばらつきが大きいときに限定される．

図4.18は研磨布紙の構造である．接着剤には，にかわ，ユリア樹脂，フェノール樹脂が一般的に用いられる．とくに，耐水性を要求されるところには，エポキシ樹脂，アルキド樹脂，フェノール樹脂，ワニスなどが用いられる．下引き接着剤と上引き接着剤の組み合わせでも分類され，一般には2種類の樹脂を重ねあわせたレジン研磨布紙が用いられる．にかわは加熱により軟化し，加工中に材料を擦過することが少なく，仕上げ面をソフトにする特徴がある．以下，研磨布紙

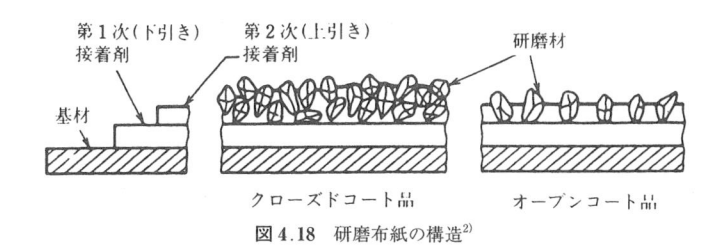

図4.18 研磨布紙の構造[2]

加工の応用例を示す．

a．ベルト研削（belt grinding）

研磨布紙を，エンドレスにつなぎ合わせたベルトを回転走行させて，それに加工物を押し当てる加工法[12]である．古くは木材加工，皮革，ゴムなどの加工に用いられていたが，接着剤に合成樹脂を使用することで耐水性が向上した結果，金属，非金属材料が加工可能となって，用途が飛躍的に広がった．図4.19にベルト研削様式を示す．特徴は，短時間で滑らかな仕上げ面が得られるが，形状の精度が良くない．また，ベルトが可撓性（曲がる性質）を持ち，曲面にでも良好に接触し，磨き加工もできて広く生産分野で応用されている．加工装置が比較的簡単であり，加工物の搬送装置を含めた自動化が容易である．しかし，研削と異なり，と粒が単層のため，切れなくなればベルトを交換しなければならないので，といしを用いる場合に比べて工具費が高くなる．工業的な用途は，鋳造品や鍛造品のスケール落としやバリの除去，塗装面や接着表面の荒し，溶接ビードの除去，平面，円筒面，曲面の仕上げ研磨などである．

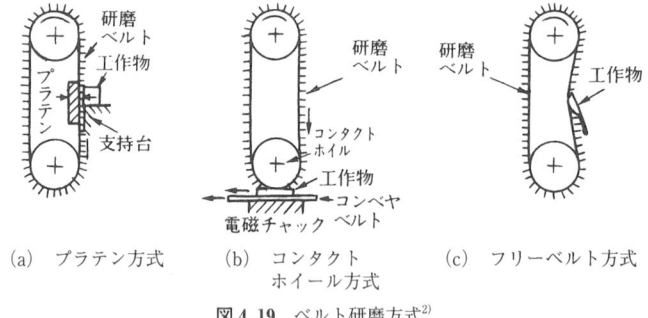

図4.19 ベルト研磨方式[2]
(a) プラテン方式　(b) コンタクトホイール方式　(c) フリーベルト方式

ベルト研磨機の加工方式は，加工物と研磨ベルトの押し付け方法別に，①プラテン方式，②コンタクトホイール方式，③フリーベルト方式に分類される．プラテン方式は，プーリー間のベルト部でバックアップにプラテンと呼ぶ当て板を用いて加工する．コンタクトホイール方式は最も一般的であり，一方のプーリーの外径部を加工物への押し当てバックアップに用いる．ほとんどのコンタクトホイールは合成ゴムがライニングされており，その表面への螺旋状の溝が加工されて

いる．接触圧力が高いほど加工能率は上がり，仕上げ面粗さは大きくなる加工特性がある．したがって，ベルトの性状とともにコンタクトホイールの接触圧力を決めるゴムの硬さと表面形状は重要な因子になる．また，バックアップのない，ベルトの張力を用いるフリーベルト方式は，曲面部の加工に用いられる．

b．フィルム研磨

研磨布紙加工のうち，工具にラッピングフィルムを用いるものをフィルム研磨と呼ぶ．加工方式はベルト研磨に似ており，加工部でテープをプラテンやロールで押し付けるバックアップ式とテープのテンションを用いるテンション式，空気の圧力で加圧するエアーナイフ方式がある．微細と粒を固着したフィルムは，厚さが薄くて柔軟性を有する．特徴は，①簡単な加工機で高い仕上げ面精度が得られる．また，テープ状フィルムのロールを用いて加工ごとに送る機構を組み込めば連続加工することもできる．②加工物とと粒の接触状態が安定して，加工結果の再現性が高くなる．③テープに柔軟性があるので，曲面，円筒と組み合わせた複雑な形状も1工程で加工できる．遊離と粒を用いないので作業環境の改善の観

表4.5　ラッピングフィルムによる研磨加工例[19]

工作物形状		研磨対象部品
円　筒		クランクシャフト ステアリングラック エアコン用ストレートシャフト 複写機・ファクシミリ・プリンタのゴム・樹脂ローラ マイクロモータのコンミュテータ 小径（$\phi 0.6\,\mathrm{mm}$以下）のシャフト
平　面	ディスク	サブストレート（アルミニウム合金，ガラス） フロッピーディスク 光磁気（CD）スタンパ シリコンウェハ
	平　板	液晶カラーフィルタ プラズマディスプレイ基盤 多層薄板（0.05〜0.1 mm）基盤 セラミックス基盤 ビデオテープ
曲　面		磁気ヘッド フロッピーディスク ビデオ映像ヘッド 光ファイバーコネクタ端子 ロータリコンプレッサ用バルブ

```
                 上引接着剤層  と粒              接着剤層  と粒
         基礎接着剤層
              基材
            (ポリエステル
              フィルム)
              フィルム保護層・感圧性接着剤層
         (a) 静電塗装                    (b) ロールコート
```

```
                    ┌─ 研磨粒子 ─┬─ 材質：硬度，親和性
                    │            ├─ 粒径：0.1～60 μm
                    │            └─ 粒径分布：標準 (JIS)，タイト
                    │
                    ├─ 接着剤 ─── 材質：硬度，強度，弾力性，親和性
  ラッピングフィルム ─┤
                    │            ┌─ 材質：引張り，強度，伸度，柔軟性
                    ├─ 基 材 ────┤       弾力性，平面性 (凹凸度)
                    │            └─ 厚さ：3～2000 μm
                    │
                    │            ┌─ 塗装法：静電塗装法，ロールコート法
                    └─ 塗 装 ────┤ 塗布パターン：全面，グラビア
                                 │ 塗布密度：40～90 wt%
                                 └─ 塗布厚さ：3～60 μm
```

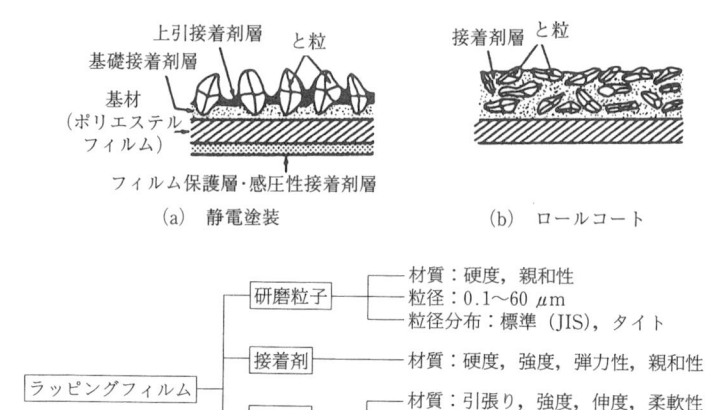

図 4.20　研磨フィルムの構造と構成因子[13]

点からも注目されている．

研磨フィルムは，研磨布紙と同様の構造をもつが，厚さが均一な 3～100 μm のポリエステルフィルムを基材にしている．と粒の塗布方法は静電塗装法とクローズドコート法の 2 種類があり，静電塗装法は帯電したと粒を塗布する方法で，と粒径が大きいときに用いられ，と粒が突出しているので切味が良い．クローズドコート法はロールコートとも呼ばれ，結合剤と混練後に基材上へローラーを用いて塗布する方法である（図 4.20）．と粒径が 20 μm 以下の研磨材のときに用いられる．コート層には複屈でと粒が含まれており，と粒が表面へ突出していないため仕上げ面粗さが向上する．接着剤には，共重合ポリエステル樹脂，ポリウレタン樹脂，塩ビ・酢ビ重合樹脂，塩ビ・アクリル共重合樹脂などが用いられる．

c. フラップホイール加工

フラップホイールは，図 4.21 に示すように，

図 4.21　フラップホイール

研磨布の短冊（フラップ）をハブの外周部へ放射状に取付けたホイールのことである．フラップホイールは，周速度が約 25 m/s になるように回転し，研磨布部を加工部へ押し当てて用いる．研磨布は柔軟性があり，加工部の形状にならって表面上を移動するので，曲面でも高能率に研磨できる．主に，ベルト研削では加工が困難な幅広部品の磨き，木工製品の曲面や細溝部の研磨，金属部品のバリ，きず取りに使用されている．

4.3.2 バレル加工

バレル仕上げは，加工物，バレルメディア（研磨材），バレルコンパウンド，水を容器（barrel）中へ入れて，容器に回転や振動の運動を加えることで挿入物の流動層運動を形成させ，研磨材が加工物上を摺動運動することで研磨される．バレル仕上げは，加工物の表面を仕上げるとともに角部が除去されやすい．仕上げの性質上，寸法，加工精度には限界があり，バッチ作業で1バッチの加工時間が数時間〜数十時間ときわめて長い．しかし，大量の製品を一度に仕上げることができ，同一の機械を用いて多彩な部品を仕上げることもできるので経済的である．また，作業中は無人で稼働できるので，自動研磨加工になくてはならない加工法である．ダイキャストやプレス部品のスケール取り，バリ・かえり取り，塗装下地の研磨，ローラーの角部の丸み付けなどに使用されている．加工物の材料は，鋼，鋳鉄，銅，アルミニウムなどの金属のみならず，ベークライド，プラスチック，木材などの非金属に対しても用いられている．

a．バレルの形状と運動

バレル研磨機には，容器内で挿入物が安定した流動層を生成する容器形状と運動を与えることが要求される．また，容器壁面には加工物への打痕きずの生成や加工液による腐食を防ぐため，ゴムやプラスチックで内張りを行う．現在用いられている型式は，回転式，遠心式，振動式，流動式，ジャイロ式に分類されている．回転式は，6〜8角形の密閉容器が水平または垂直方向の軸に 6〜30 rpm で回転する機構である．

図 4.22 は，基本形である回転式バレルとその挿入物を模式的に示したものである．加工原理から加工物の最大寸法は，流動層の幅以下にしなければならない．また，流動層の厚さと研磨能率には相関がある．流動層の厚さは，挿入物の容器

に対する体積比が60%のとき，バレル径の10〜20%で最大になる．

遠心式は，回転式の軸に公転運動を付加させたものである．装置は大きくなるが，流動層がバレルのどの位置でも得られ，回転式にみられるデッドスペースがなくなり，同一容積のバレルでも加工可能な部品の寸法が大きくなり，しかも研磨能率が向上できる．

振動式は，バレルに振動を与えて流動層を形成する機構である．流動層の生じていないデッドスペースが減少するので研磨効率は向上するが，仕上げ面の光沢は得にくい．開放構造のバレルには，円柱，ドーナッツ，スパイラルなどの形状がある．また，流動層中へ経路を造り，バレル作業の振動を用いて搬送することもできるので，ライン化が容易になる（図4.23）．

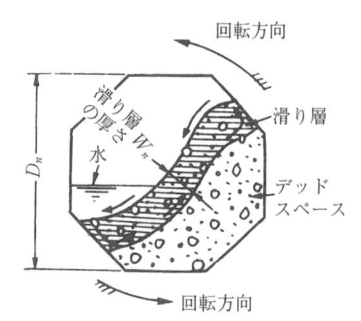

図4.22 回転式バレル内の挿入物[2]

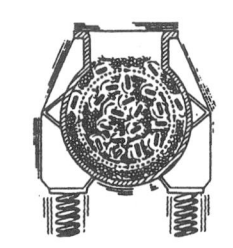

図4.23 垂直振動式バレル研磨機[2]

流動式はジャイロ式とも呼ばれ，上面開放の円柱形状で，固定した円筒部と底部が分離し，底部が150〜400 m/minの速度で回転する構造である．図4.24に示すように，流動層がバレルの円周全体に形成される．さらに，開放構造のため保持した加工物を流動層中へ投入できるとともに，揺動や回転運動を加える機構を

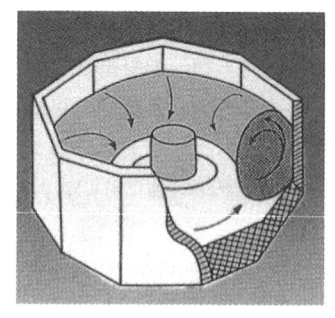

(a) 流動の原理　　　　　　　　(b) 流動状態の外観

図4.24 流動式バレル研磨機

加えた連続加工も可能になり，自動化しやすい．加工物に打痕が付きにくく，自動車のクランクシャフトやカムシャフトなどの大型部品に対して活用されている．

b．バレルメディア

バレルメディア（研磨材）は，加工物と接触して研磨するとともに，加工物の間に介在して，分離と衝突の緩衝の働きをする．メディア素材には，天然石，人造石，金属，有機物などがあり，加工の目的や要求精度，加工部品の材質，研磨能率などに合わせて選択される．一般的には，と粒を結合材で固めた人造研磨石が用いられる．

図4.25は各種形状のメディアである．人造石メディアは，大きさ，形状，と粒径，と粒率，結合材の材質などが研磨性能の決定因子となる．能率を高めるためには，メディアの径を大きく，形状を角

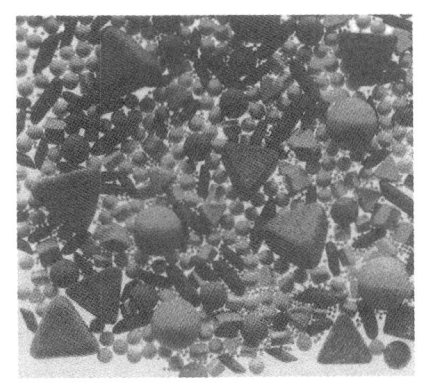

図4.25 各種形状のメディア（TKX）

表4.6 バレルメディアの種類[3]

種 類		材 料	形 状	寸法〔mm〕
球		金属（鋼，亜鉛，軟鉄） 天然石（花崗岩，砂利，石灰石） 陶器 人造石（ビトリファイド，またはゴムボンドといし） 有機材（木材，皮，樹脂）	球	直径2〜16
斜方体			円筒の両端面は平行であるが軸に対して直角でない	直径1.2〜5
円錐			環状体をもった円錐	高さ3〜12 直径4〜14
卵形			ラグビーボール形	直径3〜10
ピン			ピン	長さ多種
天然石塊			無定形	多種
人造石塊			〃	長さ 最大40〜50，最小24
成形物			球，円筒，三角形	多種
と粒			無定形（加工中に破砕し新しい切れ刃を出す）	#1000まで

4. 研磨加工

表 4.7 人造石塊メディアの使用例[3]

適用品目	加工の目的	使用サイズ〔mm〕	所要時間
砂型鋳物	1. 表面の粗さ除去	20〜50	8〜20
鍛造	1. 仕上げ面の改良 2. 切削痕改良	20〜50	4〜20
大きなかえりを有する機械加工品	1. かえり取り，一様に丸みを付ける 2. 切削面の改良 3. スケール除去 4. めっきの下磨き	5〜25	4〜12
搾り加工品，小さなかえりや軽度の工具痕を有する機械加工品	1. かえり取り，端部の鋭い刃をまるめる 2. スケール除去 3. 丸い端部を一様な丸みにする 4. 超仕上げ面にする 5. めっきの下層き	2〜20	1〜4
インベストメントキャステング	1. 小さなバリ取り 2. 光沢付与 3. めっきの下磨き	2〜20	4〜12

張らせ，と粒率を高くし，と粒径を大きくすることが有効である．表 4.6 はバレルメディアの種類であり，表 4.7 は人造石塊メディアの使用例である．

c．コンパウンド

コンパウンドは，1〜2％濃度になるように水へ投入する添加剤のことである．添加剤は結果を左右するほど重要といわれるが，科学的に不明瞭なことが多い．実際には，目的に応じて，①アブレシブコンパウンド（微粉と粒），②脱脂洗浄用コンパウンド，③光沢用コンパウンド，④スケール除去用コンパウンドに分類される．目的に応じて酸性，中性，アルカリ性が用いられている．

4.4 遊離と粒による加工

4.4.1 噴射加工

噴射加工は，目的により金属，と粒，ガラスなどの粒子を圧縮空気あるいは羽根車で加速し，加工物に衝突させることにより，除去や表面を改質することを目的とした仕上げ法の総称である．粒子の種類や処理目的に応じて，サンドブラスト（sand blasting：砂吹き仕上げ），グリットブラスト（grit blasting），ショットピーニング（shot peening）などと呼ばれる．

サンドブラスト，グリットブラストは表面の食刻を目的とする．投射粒子に石

英砂を用いるものをサンドブラスト，非球形の鋼球を用いるものをグリットブラストという．ブラスト後の表面凹凸は，めっきや塗装のアンカー効果があり，下地の加工に用いられる．また，同加工法は鋼の熱間鍛造時に生じたスケールや鋳造後の鋳物砂の除去にも用いられる．また，特殊なメディアを用いて貴金属やガラスの装飾法としても用いられている．

ショットピーニングは，硬化鋼や焼結材に対して球形の鋼粒を強く衝突させて，部品の疲労強度，耐摩耗性を高めることが目的の加工法のことである．硬化は表面の鋼球衝突部に形成された加工痕の周辺が加工硬化するとともに表面へ圧縮の残留応力が発生するために生じる．加工条件には，鋼球の寸法，投射速度，投射角度，投射時間などがある．ショットピーニングの用途は，バネ，航空機や自動車の歯車やコーンロッドなどの部品を製作するうえで重要な工程となっている．

ほかの噴射加工としては，噴射媒体に水を用いた液体ホーニング法がある．水を用いることで微粉も吹き付けることが可能になり，梨地ながら仕上げ面を細かくすることができる．金型やブローチなどの切削工具などの仕上げに用いられている．

図4.26に空気式ショットブラスト機，図4.27にショット投射部，表4.8に投射体の使用例を示す．

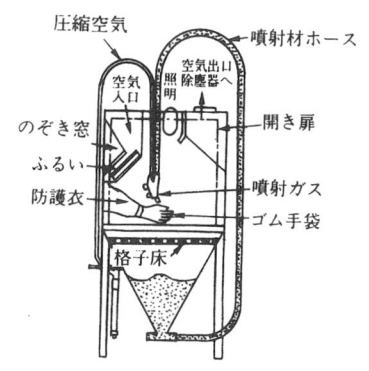

図4.26 空気式ショットブラスト機[3]

(a) エアー式　　(b) 羽根車式

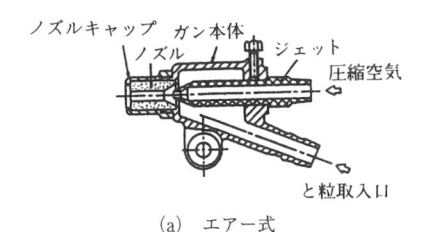

図4.27 ショット投射部

表 4.8 投射体の使用例[3]

工 作 物	粒 度		空気圧〔kgf/cm²〕
非鉄金属鋳物・軟金属	グリット	#40〜#60	1.3〜1.4
鋳　　　　　　鉄	〃	#24〜#30	1.8〜2.5
可　鍛　鋳　鉄	〃	#24	2.8〜3.2
鋳　　　　　　鋼	〃	#10〜#12	4.2〜5.6
鋼板・鍛造品	ショット	#16〜#24	3.2〜4.2

4.4.2　バフ研磨

バフ研磨は，円盤状の綿布，サイザル麻，フェルトなどを重ね合わせたバフ車の外周部に，にかわ，油脂などとともに研磨材を塗布・接着した弾性研磨工具を高速で回転させ（周速 30 m/s 程度），それに加工物を押し付ける加工法である．装置が簡単で粗加工から鏡面仕上げまでできる．加工面は簡単に平均化した平滑面になるが，角部がだれやすいため形状精度や寸法精度は得にくい．鋼板・パイプの磨き，装飾的な光沢仕上げ（貴金属，塗装面，洋食器の磨き），バリ取り（溶接ビード部の修正），角・アール付けなどに用いられる．作業中は研磨材やバフ材が飛散しやすく，作業環境が悪いので自動化技術の開発やロボットの積極的活用が望まれている．

a．バフ車

バフ仕上げは，バフ車に塗布・接着した研磨材の引っ掻き，転がりによる表面粗さや加工変質層の除去と，バフの構成繊維との大きな摩擦によって被削物表面

図 4.28　各種のバフ車（TKX）

が流動することで滑らかな面が得られる．バフ材が加工物に当たったときの変形しやすさ（腰の強さといわれる）が加工結果の重要な因子となる．すなわち，剛性が高かったり，質量が大きいときは，腰が強く作用し能率が高くなる．逆に，剛性が低い，または質量が小さいときは，腰が弱く作用するので，つや出しに用いられる．バフの腰の強さを変えるために，さまざまな形状のバフが準備されている．また，一般的に研磨剤の付着を良くしたり，繊維の寿命や硬さを適正にする目的で，表面に薬剤処理や樹脂加工して用いられる．図4.28に，各種のバフ車を示す．

b. 研 磨 材

バフ研磨材は研磨材とにかわ，または油脂などを混合したものである．油脂などの添加物の役割は，研磨材のバフ表面への付着保持，潤滑作用，冷却作用である．研磨材種は，用途と被削材の材料により，適切な選択が必要である．鉄鋼材料に対しては，A系と粒やC系と粒が主に用いられ，非鉄金属に対しては，SiO,

表4.9 研磨材の選択例[9]

種別	研磨剤	適用研磨工程	バフ材	研磨剤	対象加工物材質
油脂性	溶融アルミナ Al_2O_3	粗研磨	サイザル	サイザル―コンパウンド	炭素鋼，ステンレス鋼
	焼成アルミナ Al_2O_3	中研磨 仕上研磨	サイザル，綿	白棒，ライム	炭素鋼，ステンレス鋼，黄銅，アルミニウム
	炭化ケイ素 SiC	粗研磨 中研磨	サイザル		チタン，銅
	ケイ石 SiO_2	目つぶし 中研磨	エメリーバフ サイザル，綿	トリポリ	黄銅，亜鉛ダイカスト，アルミニウム，合成樹脂
	酸化鉄（粗製） Fe_2O_3	中研磨	綿	グロース	銅，黄銅，アルミニウム
	酸化鉄（精製） Fe_2O_3	仕上研磨	キャラコ	赤棒	金，銀，白金
	酸化クロム Cr_2O_3	仕上研磨	綿	青棒	ステンレス鋼，黄銅，硬質クロムめっき
	非晶質シリカ SiO_2	仕上研磨	綿		合成樹脂
非油脂性	炭化ケイ素 SiC	艶消し―仕上研磨	キャラコ	グリースレス―コンパウンド	ステンレス鋼
	溶融アルミナ Al_2O_3	艶消し―仕上研磨	キャラコ	グリースレス―コンパウンド	炭素鋼，黄銅，アルミニウム

CaO, MgO, Fe_2O_3, Cr_2O_3 などが用いられる．

　研磨材は，棒状の固体と液体に分けられる．棒状の研磨材には油脂製と非油脂製があり，バフに擦り付け，付着させて用いる．油脂製棒状研磨材は，脂肪酸，硬化油，パラフィン，松やになどと研磨材を混合成形したものである．非油脂製棒状研磨材は，にかわ，ゼラチンなどと研磨材を混合成形した研磨材である．液体の研磨材は，油脂類を乳化材でエマルジョン化した水溶液に研磨材を分散させたものである．これは，スプレーを用いて研磨材を無人で塗布できるので，自動バフ研磨機に用いられる．表4.9に，研磨材の選択例を示す．

4.4.3　ラッピング

　ラッピングは遊離と粒を用いた磨き加工法である．作業は，と粒を散布したラップと加工物間に力を加え，方向を常に変えながら摺動運動させて行う．その原理は石器時代より石材や宝刀を磨くために用いられてきた方法である．研磨材を加工液中に分散させたラップ液を用いる湿式法と乾式法があるが，主に湿式法が用いられる．加工中には表面を磨く作用とともに，ラップの形状を加工物へ転写させて高精度に形状を仕上げることができる．加工能率は非常に低いことに反して，$0.01\,\mu m$ 程度の高い精度を得ることができる．ラッピングが可能な形状は，平面，円筒，内面，球面，ねじ，歯車などに限定される．超硬鋼，ダイス鋼などのブロックゲージ，挟みゲージなどのゲージ類，ガラスやセラミックス材のレンズ，プリズムなどの光学部品，半導体，セラミックス材の電子部品などの仕上げに用いられている．また，弁と弁座などの対で用いる部品間では，間に研磨材を加えてなじませる，摺り合わせというラッピングが行われている．今日，ポリシングと合わせた鏡面加工技術は，高度情報化社会を支える光・電気・機械が融合したオプトメカトロニクスで象徴される機能部品の製造において不可欠の技術になっている．

a．切りくずの生成

　切りくずの生成機構は被削材の性質により異なる．延性材料のとき，切りくずはと粒の引っ掻き作用で生成する．脆性材料のときは，

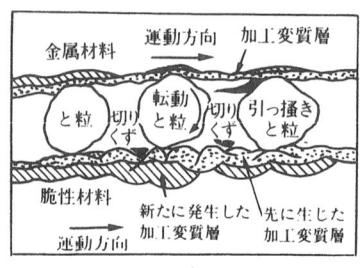

図4.29　切りくずの生成モデル[14]

と粒の接触に起因する微細な割れが重なり合うことで切りくずが形成される．図4.29に切りくずの生成モデルを示す．

b．ラップ材（と粒）

ラップ材は，加工物表面上へ接触，押し込まれ，表面上を運動，引っ掻きや転動して，加工物を削り取ったり，表面を押しならしたりする．したがって，加工物の硬さより硬いと粒が用いられる．表4.10にラップに用いられる主なと粒を示す．これらのうち，酸化アルミニウムと炭化ケイ素が一般に用いられている．また，と粒が加工面に埋め込まれることを防ぐためには，材料よりわずかに硬いと粒を用いることが行われている．

表4.10 ラッピング，ポリシングに用いられると粒[8]

名称	化学式	色	モース硬さ	比重	融点（℃）	適用*
アルミナ（α品）	$\alpha\text{-}Al_2O_3$	白～褐	9.2～9.6	3.94	2040	ラ，ポ
アルミナ（γ品）	$\gamma\text{-}Al_2O_3$	白	8	3.4	2040	ポ
炭化ケイ素	SiC	緑，黒	9.5～9.75	2.7	(2000)	ラ
エリメ	Al_2O_3, Fe_2O_3	褐～黒	8～9	3.8	—	ラ
ガーネット	$Ca_3Al_2(SiO_4)_3$	褐	8.3	3.2～4.3	1320	ラ
炭化ホウ素	B_4C	黒	9以上	2.5～2.7	2350	ラ
ダイヤモンド	C	白	10	3.4～3.5	(3600)	ラ，ポ
ベンガラ	Fe_2O_3	赤褐	6	5.2	1550	ポ
酸化クロム	Cr_2O_3	緑	6～7	5.2	1990	ポ
酸化セリウム	CeO_2	淡黄	6	7.3	1950	ポ
酸化ジルコニウム	ZrO_2	白	6～6.5	5.7	2700	ポ
二酸化チタン	TiO_2	白	5.5～6	3.8	1855	ポ
酸化ケイ素	SiO_2	白	7	2.64	1610	ポ
酸化マグネシウム	MgO	白	6.5	3.2～3.7	2800	ポ
酸化すず	SnO_2	白	6～6.5	6.9	1850	ポ

＊ ラ：ラッピング，ポ：ポリシング

ラップ材には，形状，寸法が整っていることも必要である．一般に，と粒が細かいほど仕上げ面粗さは良くなるが，仕上げ能率は低くなる．

加工物の形状，寸法や表面を仕上げる製造過程では，バッチごとに加工物が初期に持つ仕上げ面相さや加工変質層を取り際くことを目標に作業される．目標の精度が得られるように，粒度は粗いものから順に細かいものを使用する．経験的に，一工程ごとに平均と粒径を半分に減らすことを目安に作業される．

c. ラップ

ラップの作用は，①と粒の保持，②正確な形状の加工物への転写と維持，③加工物表面の保護であり，ラップには適度なと粒の埋め込み，かじり，溶融防止とともに摩耗の少ないことが要求される．ラップの材料は，鋳鉄，鋼，銅，黄銅，軟金属，プラスチックなどが用いられる．加工物へのきず付きを避けるため，材料は硬さが加工物より柔らかいものが選定される．とくに鋳鉄は，ラップ作用の要件を満足して，成分，金属組織の制御された材料が容易に入手できるうえに，安価でもあり，最も多く用いられている．

ラップには，過剰なラップ材の保持，作業点への供給，ラッピング能率の向上を目的に十字，螺旋，放射状の溝を切って用いることがある．反面，溝を切ることは経済的な無駄であり，溝に残るラップ材，切りくずなどの滞留，堆積物は加工物へのきずの原因になりやすく，仕上げ用には不適切である．

最近では，といしラッピングと呼ぶラップにといしを用いた研磨法が行われる．これは超仕上げ，ホーニングと類似した加工法であり，利点は加工物でラップが変形されにくく，一度成形すると形状精度を維持しやすく，かつ研磨材の管理を省くことができるためである．また，汚い作業環境を改善できる利点も加えて，今後さらに使用が拡大することが見込まれる．

d. ラップ液

洗浄，冷却，潤滑の加工液の三作用に加えて，と粒の分散，供給という特有の作用がある．ラップ液には油性と水溶性があり，油性は金属系の材料に対して防錆の効果があり，動植物の油脂，脂肪酸などを石油で薄めて適切な濃度にして用いられる．通常，粘度は研磨材の粒度が細かいほど低いものを使用する．一方，水溶性は，水による加工物の洗浄が容易な光学ガラスレンズやシリコンウエハーなどの硬脆性材料の研磨に用いられる．

e. ラップ作業

ラップ作業の条件には，前述のb項～d項に加えて，加圧力と運動条件が加わる．ラップ量（研磨量）は，式 (4.7) に示すように，ラッピングの軌跡の長さや研磨圧力に比例する（プレストンの法則）．ラップ力は加工物とラップの材質，加工能率，表面粗さで適切な圧力が左右され，最も高い硬材料で 1000 kPa 程度である．

4.4 遊離と粒による加工　　121

　ラッピング作業は，手仕事によるハンドラッピングと，ラップ盤と呼ぶ機械を用いる機械ラッピングがある．ラップ盤には，汎用の縦型ラップ盤，各種専用の鋼球ラップ盤，挟みゲージラップ盤，芯なしラップ盤，センター穴ラップ盤，歯車ラップ盤などがある．

表4.11　ラップ盤の材料と適用例[8]

分　類		対象材料	適　用　例
硬質材料	金　　属	鋳鉄，鋼	一般のラッピング
	非 金 属	ガラス，セラミックス	化合物半導体材料加工
軟質材料	軟質金属	Pb, Sn, In，はんだ	セラミックス加工
	天然樹脂	ピッチ，木タール，蜜ろう，パラフィン，松脂，セラック	ガラスの鏡面加工
	合成樹脂	アクリル，塩ビ，ポリカーボネート，テフロン，ウレタンゴム，硬質発泡ポリウレタン	ガラスの鏡面加工
	天然皮革 人工皮革 繊　　維	鹿皮 軟質発泡ポリウレタン 不織布（フェルトなど），織布，紙	水溶性結晶の鏡面加工 シリコンウエハーの鏡面加工 金相学的ポリシング

表4.12　ラッピングの適用例[8]

加工物	素材	寸法	と粒	加工液	ラップ	研磨装置
レンズ・プリズム	ガラス	φ20×t5	アルミナ #1000-#3000	水	鋳鉄	オスカータイプ レンズ研磨機
シリコンウエハー	Si	φ150×t1	アルミナ混入 ジルコンサンド #1000-#1200	水	鋳鉄	両面ラップ盤
マスク用ガラス基板	ガラス	□170×4	アルミナ混入 ジルコンサンド #1000-#2000	水	鋳鉄	両面ラップ盤
化合物半導体	GaAs InP	φ75×t0.8	アルミナ混入 ジルコンサンド #2000-#4000	水	鋳鉄	両面ラップ盤
圧電フィルタ基板	水晶 LiTaO₃	φ8×t0.1	アルミナ あるいは 炭化ケイ素 #1000-#4000	水	鋳鉄	両面ラップ盤
ブロックゲージ	ゲージ鋼	10×30×2	アルミナ #1000-#4000	ラッピング オイル	鋳鉄	両面ラップ盤
磁気ディスク基板	Al 無電解 Niめっき	φ90〜φ360× t1.2	アルミナ あるいは 炭化ケイ素 #1000-#4000	水	鋳鉄 あるいは ナイロン	両面ラップ盤 あるいは 縦型両面ラップ盤

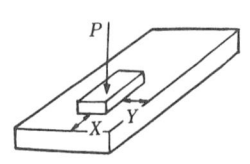

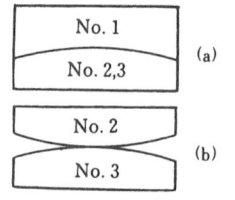

図 4.30　平面ラッピング　　図 4.31　定盤の 3 面摺り合わせ[18]

　ハンドラッピングは，ラップ材を塗布した定盤上へ加工物を手で加圧し，往復運動させて作業する．同法では，定盤を正しい平面に作ることが前提になるので，一般に，Whitworth により発見された 3 面摺り合わせ法を用いる（図 4.31）．これは 3 枚のラップを用いて互いに摺り合わせて 3 面とも完全に当たれば理想的な平面に近づくという方法である．

　このハンドラッピングでは，加工物を手で直接持てば熱による熱変形が生じるが，断熱を考慮した治具を用いることで防止できる．この方法は，特別な装置が不要で便利であるが，作業能率が低く，熟練を要するので手作業を機械化することが行われている．

　図 4.32 に示す立てラップ盤は最も広く用いられていて，平面あるいは円筒外面の加工が可能であり，同時に多数個の部品も加工できる．また，片面研磨装置と両面研磨装置に分けられ，片面研磨機は，下側にのみラップ円盤があり，加工物は片面ずつ加工される．ラップ円盤より小さいホルダーはラップ円盤の内外径の周速差で回転し，ホルダー外周部にリングを配して，ラップ表面を均一に摩耗させて平面を保つために用いられる．ほかに，ラップ盤にはオスカータイプのレンズ研磨機，修正軸型研磨機などがある．

　ラッピング作業で注意しなければならない点は，加工物の精度がラップの精度に依存するので，加工中にラップを均一摩耗させることである．加工物とともにラップも摩耗すると仮定して，ラップ上を摺動する軌跡長が等しくなるように運動を工夫する必要がある[17]．また，研磨中には切りくずが徐々に増加するので研磨材の管理が重要である．

　異種材料が複合した加工物においては，材料により加工能率が異なり，接合部で段差が形成される．これは多結晶体をラップするときに，異種の結晶間や結晶

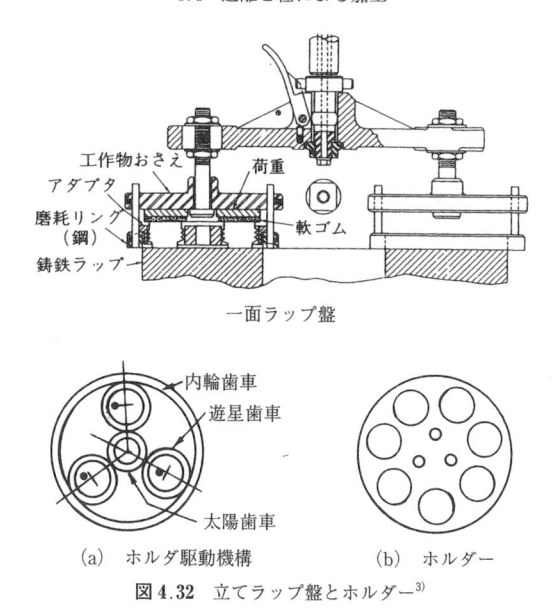

4.4 遊離と粒による加工

　　　　　　工作物おさえ
　　　　アダプタ　　　荷重
　　磨耗リング
　　　（鋼）　　　　　　軟ゴム
　　鋳鉄ラップ

一面ラップ盤

　　　内輪歯車
　　　遊星歯車
　　　太陽歯車

(a) ホルダ駆動機構　　　(b) ホルダー

図4.32 立てラップ盤とホルダー[3]

粒界で高さの差が生じるために，仕上げ面粗さが大きくなり，精度の限界が生じることを示している．このように高精度を得るためには高度の技能と経験が必要である．

4.4.4 ポリシング

ポリシングは，前加工で得られた形状精度を維持しながら平滑鏡面化や物理的，化学的に完全に近い面を得ることが目的の加工法である．ラッピングと同じ加工様式でありながら，微細と粒とラップ材にフェルトのような柔軟性・粘弾性のある材料を使用する（海外では，polishing をバフ加工の意味で用いる）．図4.33 は加工モデルであるが，このようにポリシングでは，ラッピングに比べてはるかに小さい切り込みが容易に得られる．したがって，加工単位は $0.1\mu m$ 程度に微細化して，表面の化学的な作用が無視できなくなる．

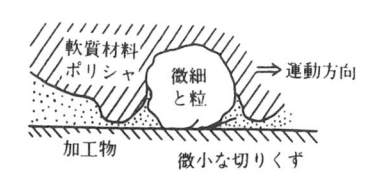

また，化学的作用には，溶去と皮膜形成があ

軟質材料ポリシャ　微細と粒　→運動方向
加工物　　微小な切りくず

図4.33 ポリシングの加工モデル[15]

る．溶去とは，加工物の仕上げ面粗さが加工液とのエッチングにより取り除かれる作用である．皮膜形成とは，加工物中への元素の溶出，あるいは加工液により表面に皮膜を形成させることである．化学反応は，固体表面間と固体—液（気）体間に生じ，加工時の機械，熱エネルギー，あるいは吸着などの界面現象が反応を誘発することもある．

鏡面生成のメカニズムは，機械的材料除去説，塑性流動による平滑化説，切りくずの凹部への再付着説，化学的材料溶去説などの諸説があったが，今日では，鏡面の形成過程は，機械的作用（除去作用と摩擦作用：原子配列のじょう乱）と化学的作用が組み合わされていて，各種鏡面加工法の種類によって，各作用の順序と組み合わせの割合が異なると考えられている[18]．機械的作用を受けていない高品位の面を得るためには，化学研磨や電解研磨のように，材料除去において化学的現象の関与の割合を増やす必要がある．

これらを利用したポリシング法には，と粒を含まない化学的作用を除去機構とするケミカルポリシング，軟質と粒と化学反応性が高い加工液を用いるメカノケミカルポリシング，電気化学反応を応用するメカニカル・ケミカル複合ポリシング，コロイド化学反応を応用したコロイダルポリシングなどがある．

演習問題

4.1 単粒切削で，切れ刃形状を球形としたときの切り込み量について述べよ．
4.2 定圧加工法を用いれば，機械精度を超えた仕上げ精度が実現できる理由を示せ．
4.3 研削や切削加工した面に，さらにホーニングや超仕上げを付加すれば，耐摩耗特性や労強度が向上する．その理由を述べよ．
4.4 薄い板面の一方にショットブラストを施すと，板はどのように変形するか．
4.5 ラッピング加工を施す理由を述べよ．
4.6 ラッピング加工に用いると粒，およびその用途を示せ．

参考文献

1) D. ダウソン著，工業調査会 訳：トライボロジーの歴史，工業調査会 (1997).
2) 研磨布紙加工技術研究会 編：実務のための新しい研磨技術，オーム社 (1992).
3) 田中義信，津村秀夫，井川直哉：精密工作法，第2版，共立出版 (1982).
4) 津和秀夫：研削における砥粒の挙動について（第3報），精密機械，**27** (6)，414，

参 考 文 献

5) 佐々木外喜雄，岡村健次郎：ホーニングの切削について．日本機械学会論文集，**24** (142), 372 (1958).
6) 築添 正：金属仕上げ面の接触機構に関する研究．日本機械学会論文集，**62** (491), 1753 (1959).
7) 會田敏夫，井川直哉，岡村健次郎，中嶋利勝，星鐵太郎：切削工学，精密工学講座 11, コロナ社 (1973).
8) 精密工学会 編：新版 精密工作便覧，コロナ社 (1992).
9) (財)機械振興協会技術研究所：加工技術データファイル (1989).
10) 松井正己，中里昭三：超仕上げ作業とその原理，養賢堂 (1965).
11) 松森 昇，山本 明：超仕上性能の特性値として臨界圧力について．精密機械，**40**, 10 (1974).
12) Robert, I. King, Robert, S. Hahn：Handbook of Modern Grinding Technology, Chapman and Hall Advanced Industrial Technology Seriees (1986).
13) 北嶋弘一：砥粒学会誌，**43**, 9 (1999).
14) 河西敏夫：遊離砥粒を用いる先端加工技術の動向．砥粒加工学会誌，**32**, 241 (1988).
15) 精密工学会 編：精密加工実用便覧，日刊工業新聞社 (2000).
16) 河村末久，矢野草成，樋口誠宏，杉田忠彰：研削加工と砥粒加工，共立出版 (1984).
17) 今中 治：次世代の超精密加工技術，産業技術サービスセンター (1993).
18) 精密工学会 編：ナノメータスケール加工技術，超精密加工への化学的効果の応用，日刊工業新聞社 (1993).

5. 特殊加工

前章までに，刃物を用いた切削，研削など，一般的な除去加工法について述べた．除去加工にはこのほかに，電気（熱）エネルギーを利用する電気・熱的加工法，電気・化学反応を用いる電気・化学的加工法，さらに，単なる化学反応を利用する化学的加工法などの特殊加工がある．これらの加工法は，一般的な加工法で，あまり問題なく加工できるが，加工能率をさらに向上させようという使い方ではなく，普通では加工しにくい，いわゆる難削材の加工にその威力を発揮する．新素材の開発，新しい製品分野の開発に伴い，このような特殊加工法は今後も多く利用されるものと考えられる．ここでは，それらの除去加工法について述べる．

5.1 電気・熱的加工法

5.1.1 放電加工

放電加工（electric discharge machining）は，絶縁性液体中で，電極と工作物とを数 μm〜数十μm の微小間隙をもって対向させ，電極に断続的に毎秒数百〜数十万回の繰り返しパルス電流を供給し，電極と工作物の間に過渡的なアーク放電を発生させ，工作物の表面を微量ずつ溶解除去して電極と同じ形状に型彫加工する方法である．図5.1に型彫放電加工の原理を示す．

放電加工法の過程は，まず，工具（電極）にマイナス，工作物にプラスの RLC 回路を接続し，100〜300 V まで昇圧すると，工具と工作物間の絶縁性液体の絶縁が破壊され，火花が発生し，工作物と工具先端が数千度に熱せられて溶融あるいは蒸発する．また，火花近傍の絶縁物は気化して急膨張し，溶融金属を吹き飛ばす．火花が飛ぶと直結されている

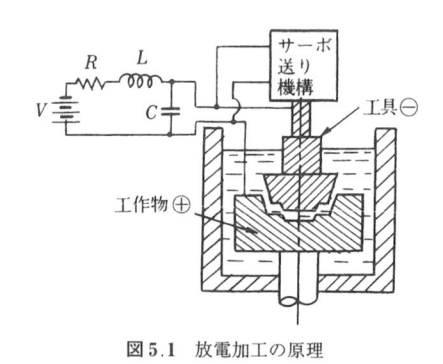

図5.1 放電加工の原理

L, R のため電圧が急降下するので，絶縁液で電流が遮断される．次に電源の電流は並列に挿入されている C を充電し始める．このサイクルで繰り返しパルス電流が供給される．

金属の除去量は，電流密度の関数で，荒削りには高い電流密度を使用するが，工作物に熱影響部分が $2 \sim 120\,\mu m$ の深さで残るので，仕上げ削りのときは，低電流密度が用いられる．工具と工作物が最良の状態で除去される量の除去率（wear ratio）は，金属工具を使用したとき 1/3，グラファイト工具で 1/3～1/100 である．

電極も溶融・飛散し消耗するので，火花間隔を一定に保つためにサーボ機構により常に適当に制御される．

電極としては銅，グラファイトなどが用いられる．加工液としては一般に灯油，変圧器油，スピンドル油，シリコン油，大豆油，その他が用いられ，工作物や電極の冷却および切りくずの除去にも役立つ．

放電加工は材料の硬度に鈍感なので，焼入れ鋼や耐熱鋼，超硬合金などの型彫りに利用されるほか，加工が困難な材料の穴あけにも用いられ，導電液中で工具電極と工作物との間に 1000 分の 1 秒，ないし 1100 万分の 1 秒のパルス放電を起こさせて，電極と同一形状の穴をあける方法がとられる．

また，材料の切断にも用いられ，この場合の加工液としては電解液が用いられる．たとえば，水ガラス水溶液を用い，工具を陰極とし，工作物を陽極としてこれらに通電すると，工作物の表面は被膜で覆われる．この上を工具電極により高速度で摩擦すると，工具電極と工作物の接触分離の際に短いアーク放電を生じる．このアーク熱により工作物が溶融し除去される．図 5.2 にその原理を示す．電極には薄い円板状，または帯状の電極を使用し，材料は鋳鉄，黄銅，銅などが用いられる．

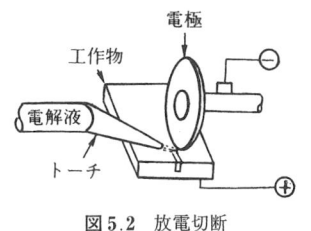

図 5.2 放電切断

さらに，CNC 制御と放電加工法を組み合わせた方法に，ワイヤ放電加工がある．ワイヤ放電加工は，ワイヤと板状の加工物との間で放電加工をしながら切断する方法で，ワイヤが糸のこの刃の役割をし，加工物を乗せたテーブルを CNC で 2 次元的に思いのままの形状に移動させて加工物を切断する．ワイヤ放電加工は

従来の型彫放電加工に比べ，複雑な形状の電極を必要とせず，金型を一体に加工できることから，金型の設計工程，製作工程に飛躍的な進歩をもたらした．そのため現在，プレス抜き型，押出しダイス，プラスチックモールド金型などに多用されている．

5.1.2 電子ビーム加工

電子ビーム加工 (electron beam machining) は，普通の加工法では困難な硬質材料，および酸化を嫌う材料の加工に用いられる．高真空中の熱陰極から放出された電子を直流高電圧で加速し，電磁レンズで収束して工作物に当てると，衝突の際の高エネルギーによって局部的に高温となる．これによりきわめて小さい穴（1 μm 程度）や複雑な形状のスリットを切ることができる．

電子ビーム加工は真空容器中で行われるため，操作は外部から光学顕微鏡で観察しながら行う．テーブルに固定された工作物に対して，電子ビームを電磁コイルにより偏向，走査することによって連続的に複雑な断面形状の穴あけが可能である．またパルス状にして加工物の温度上昇を制御することもできる．電子ビーム加工はこのほか，溶接にも使用されている．図5.3に電子ビーム加工の原理を示す．

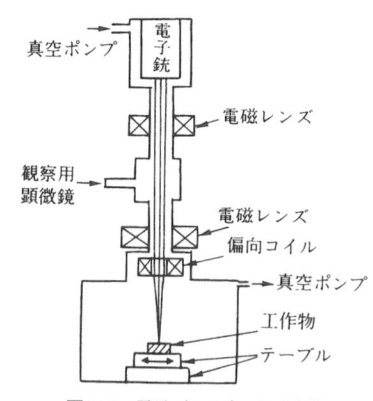

図5.3 電子ビーム加工の原理

5.1.3 レーザー加工 (laser beam machining)

レーザー光は，誘導放射された光を増幅した光線であって，位相のそろった特定波長の単色光で，指向性，集光性にすぐれ，微小点に集光できることや，高エネルギーを有することから，微小穴やスリットなどの精密加工，材料の切断，溶接などに用いられている．

レーザー光は，次のようにして放出（誘導放出）される．

すべての原子は，原子核とその周りの軌道を回る電子とから構成されている．

5.1 電気・熱的加工法

電子のもつエネルギー(運動エネルギーと位置エネルギーの和)は,エネルギー準位と呼ばれる,それぞれの軌道によって決まる飛び飛びの値をとり,外側の軌道ほど大きい(高い)エネルギーをもっている.一番内側の軌道のエネルギー状態は基底状態と呼ばれ,他の状態は励起状態と呼ばれる.図5.4に誘導放出の原理を示す.

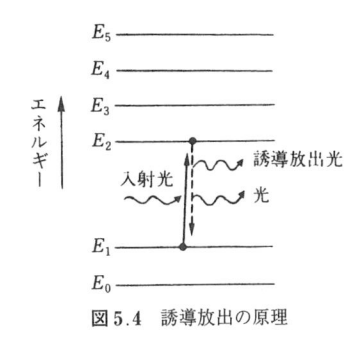

図5.4 誘導放出の原理

電子がエネルギーの高い準位 E_2 から低い準位 E_1 へ遷移すると,そのエネルギー差に比例する周波数 ν の光が放出される(式(5.1)).

$$\nu = (E_2 - E_1)/h \tag{5.1}$$

ここに,h はプランク定数で,$h = 6.625 \times 10^{-27}$ erg·s.

逆に,E_1 のエネルギー状態にある原子に,$h\nu = E_2 - E_1$ のエネルギーの光が入射すると,原子はこの光のエネルギーを吸収して E_2 のエネルギー状態に遷移する(ポンピングという).この場合,この入射光に刺激されて同じ周波数 ν の光を放出して E_1 の準位に遷移するが,この放出される光は入射光と同じ位相で同じ方向へ放出される.これが誘導放出と呼ばれる現象で,レーザー発振の基礎となるものである.励起状態にある E_2 の準位にある電子はごくわずかの刺激を受けただけで下の準位へ遷移してしまうので,入射光のエネルギーはほとんど失われず,2倍の強さの光に増幅された形で放出されたことになる.

外部から与えられたエネルギーで励起されて反転分布状態にある物質の両端に平行に平面鏡を置くと,誘導放出光のうち,鏡面に垂直でない光は外へ出ていってしまうが,鏡面に垂直な光は鏡の間を反射して往復し,往復する間に連鎖的に増幅され,光の量はどんどん増加する.一方の反射鏡の反射率をわずかに下げ,一部透過性をもたせ(部分反射鏡という),光が透過しうるようにしておくと,誘導放出光が鏡面間を何回か往復する間に反射面での散乱,吸収,透過などの損失よりも光の強度増加が大きくなり,部分反射鏡を通して光が外へ放射される.これがレーザー発振である.同一方向の誘導放出光であるので,同一波長,同位相の光が得られる.図5.5にレーザー発振の基本的機構を示す.

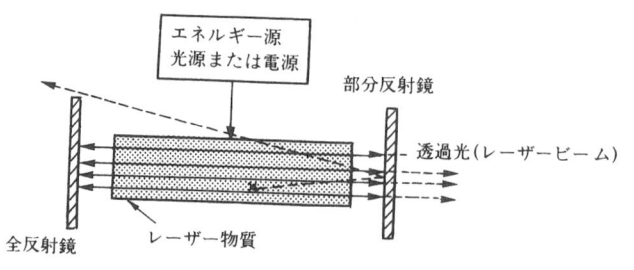

図5.5 レーザー発振の基本的機構

　レーザーは1960年，アメリカのT.H. Maimanが，ルビーを利用して発振に成功したことに始まる．ルビーレーザーは，Al_2O_3 単結晶に Cr^{3+} イオンを0.05%程度添加（ドープ）したルビー結晶を用いたものである．キセノンランプや水銀灯などの強力な光源でルビーロッド中の Cr^{3+} を励起して遷移させ，波長 $0.69\mu m$ のレーザーを発振させる．

　ルビーレーザーはポンピングに時間がかかり，パルス間隔が長いために，現在では加工用にはほとんど使われていない．かわりに登場したYAGレーザーが，加工用固体レーザーとして現在最も一般的に利用されている．YAGレーザーは，Yttrium Aluminium Garnet 単結晶に Nd^{3+} イオンをドープしたもので，Nd^{3+} がレーザー動作を行い，$1.06\mu m$ の光を発生する．固体レーザーによるパルス動作のときは瞬間的に超高温が得られる特長がある．

　加工用気体レーザーとして現在最も普及しているのは炭酸ガス（CO_2）レーザーである．CO_2 レーザーでは，レーザーガスとして一般に CO_2, N_2, He の混合ガスが用いられている．放電による電子衝突によって N_2 が励起される．この励起された N_2 分子は基底状態の CO_2 分子と衝突して自身の励起エネルギーを CO_2 分子に与えてさらに励起して $10.6\mu m$ のレーザー光を発生する．Heは，CO_2 ガスの温度上昇を抑制するとともに，レーザー光放出後の基底準位への緩和を促進する効果が大きいと考えられている．炭酸ガスレーザーは，他のレーザーに比べてエネルギー効率

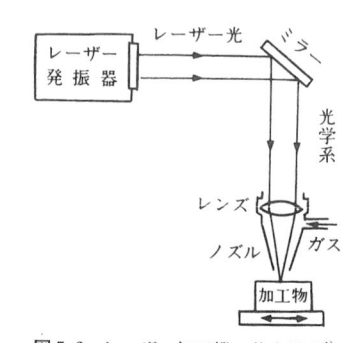

図5.6 レーザー加工機の基本構成[1]

（レーザー出力/消費電力）がずば抜けて高く，数十Wから数十kWまでの大出力が得られる特長がある．

図5.6にレーザー加工機の基本構成を示す．

a. レーザー切断

切断加工には連続発振レーザーが適しており，主にCO_2レーザーが用いられている．金属などの切断では，本来CO_2レーザーの波長$10.6\,\mu m$は加工表面の反射率が高く，加工能率は悪くなるが，連続発振CO_2レーザーの改良が進み，高出力化が可能となったため，その欠点が補われている．また，酸素ガスなどを吹き付けながら加工すると，非常に高能率で切断面も美しくなる．可燃性の紙などを切断するときには，不活性ガスを吹き付け燃えないようにしている．

切断ではこのほかに洋服地，皮革なども速く切断できる．しかも，コンピュータとレーザー切断機を接続し，複雑な形の自動切断も行われている．

b. レーザー穴あけ，溝切り

穴あけや溝切りなどの加工では，熱伝導で失われる熱量をできるだけ少なくし，照射エネルギーが対象物質の除去，すなわち物質の蒸発に有効に使われるようにする必要がある．レーザー光の照射エネルギーが等しい場合でも，レーザー光をパルス化したほうが表面温度は高くなる．したがって，穴あけなどの加工には連続光よりもパルス光が，それも短いパルス光のほうが有利となる．連続発振レーザーを用いるときには，Qスイッチ法によりレーザー光をパルス化するのが有効である．しかし，材料によってレーザー加工の状況がかなり異なり，適当なレーザーと加工条件を選ぶ必要がある．

穴あけ加工は，ビーム径に相当する微小径の穴あけと，集光ビーム径または加工物を回転して行う大径の穴あけがある．金属はもとより，脆性材料であるセラミックや宝石，高分子材料，紙，布などほとんどの材料に穴あけが可能である．

穴あけの加工深さは，普通，加工径の5〜10倍程度である．加工径は普通数百μmであるが，単一モード発振のYAGレーザーを用いると$10\,\mu m$程度の径の加工を行うことも可能である．加工穴の形はレーザー光の強度分布が光軸に対して対称のときには真円に近いものが得られる．パルスレーザーで金属を繰り返し加工するとき，数回の照射までは照射回数に比例して深く加工されるが，それ以上は回数を増しても深く加工はされない．これは加工穴の入口部で加工材が再固化

し，照射エネルギーの大部分がこの固化部の再蒸発および加工径を広げるために使われるためである．さらに，レーザーはシリコンウエハーの切断や，薄膜キャパシタ製作のための溝切り，薄膜抵抗のトリミングに使われている．

5.1.4 プラズマジェット加工（plasma jet machining）

気体を数千度の温度に加熱すると，気体は自由電子と正イオンに解離し導電性の状態となる．この状態をプラズマという．陰極から放出された電子は加速され，極間に存在するガス（窒素，水素，アルゴン，圧縮空気からなる作動ガス）に衝突して電離させる．このとき発生した電子はさらに他の原子に衝突し，それを電離した状態とする．このとき，電子の運動エネルギーは熱エネルギーに変換してガスは高温となる．さらに冷えたガスをアーク流の接線方向に送り旋回させて細く絞り，高密度，高温，高速としてノズルから噴射する．このプラズマを工作物に噴射して穴あけ，切断，溶射および溶接などの加工が行われる．また図 5.7 に示すように，工作物を回転させながら溶接，旋削を行うこともでき，穴あけ，溶接，旋削は切断トーチを用いて加工することもできる．図 5.8 には，プラズマジェット切断装置を示す．切断速度が高く，ひずみが少なく母材の熱影響部分を小さくできるので，複雑な形状の切断作業に活用される．

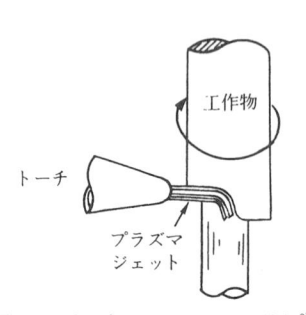

図 5.7 プラズマジェットによる旋削[2]

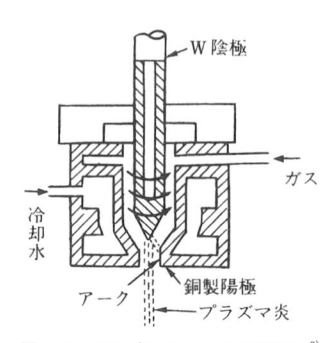

図 5.8 プラズマジェット切断装置[3]

5.2 電気・化学的加工法

5.2.1 電解加工

電解加工（electro-chemical machining）は図5.9に示すように，工具を陰極に，工作物を陽極として，両者の間隔を0.1〜0.4 mmに保ちながら，この間に電解液を噴出させ，両極の間に低電圧（約10 V）・大電流（10〜100 A/cm^2）を通電する．工作物は金属イオンとなって溶出するので加工が進められる．陽極の表面には陽極生成物の膜が生じ，その後の電解の進行を妨げるので，電極に設けられた穴を通して電解液を噴流させ，この生成物を電解液の噴流で除去して加工能率を高める．

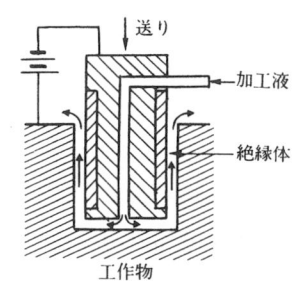

図5.9 電解加工の原理[2]

したがって，加工の一様性はこの噴流の濃淡によるので，加工穴の大きさや断面形状に応じて，噴流出口の位置，大きさ，個数に留意しなければならない．

この方法の特徴は，高電流密度の電解のため，高速加工ができ，電極の消耗がなく生産性が高い，加工変質層も生じないなどの利点があるが，精度が出しにくく，複雑な断面形状の加工には全面一様に電解液を注ぐことが困難である．

電極材料としては，銅系材料，鉄系材料，グラファイトおよびタングステン焼結材が，電解液としては塩化ナトリウム系，硝酸塩系，塩素酸系などが用いられる．鍛造型や軸流コンプレッサー翼などの加工に適する．

5.2.2 電解研削

電解加工では工作物（陽極）の表面に陽極生成物を生じ，加工速度および精度がいちじるしく低下する．そこで工作物の表面に生じた生成被膜を，といし（陰極）を用いて機械的方法で除去して電解加工を行う．この方法を電解研削（electro-chemical grinding）という．電解作用と機械的研削の複合加工と考えてもよいが，加工の大部分は電解によって行われる．といしは電気抵抗が大きいので，といし本体と工作物との短絡を防止する．

電解研削は加工速度が大きく，といしの消耗が少なく，かつ仕上げ面も普通の研削仕上げ面よりもすぐれている．しかし，表面が複雑なものには応用が困難で

ある．

研削といしとしては，メタルボンドのダイヤモンドといし，グラファイトボンドといしを使用する．工作物に生じる導電性の悪い酸化皮膜をといしが切削するので，電解作用が促進される．同法は超硬工具研削に適する．図5.10に電解研削の原理を示す．

5.2.3 電解研磨

金属の電気分解現象を利用した加工法で，研磨する工作物を陽極，導板を陰極として，電解液中で両者間に直流電流（交流電流も使用）を通電すると，電気・化学的作用により金属表面の微小突起部分が溶解される．微小突起部分がなくなると工作物は鏡面状に加工される．このような方法を電解研磨（electrolytic polishing）という．

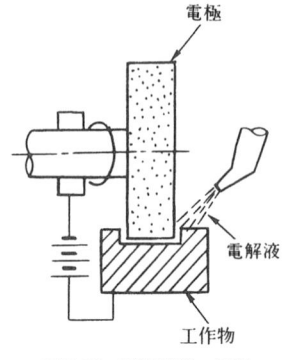

図5.10 電解研削の原理

電解液中に浸した陽極金属に通電すると，金属表面の微小突起部分は凹み部分よりも溶出金属イオン濃度が小となるため，陽極である金属工作物の突起部分が電解電流によりイオンとなって電解液中に溶出する．この選択的な溶出により，金属面全体として凹凸のない滑らかな表面となる．図5.11に電解研磨の原理を示す．

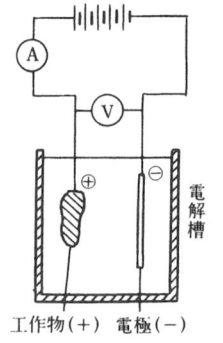

図5.11 電解研磨の原理

電解研磨は微視的な凹凸は除去できるが，巨視的な凹凸の除去は困難である．したがって，大きな凹凸の場合には，前もってエメリーペーパーで仕上げておくとよい．電解研磨を行うと，加工変質層がなく，耐食性がよく異物が付着しにくくなる．

加工材料として，ステンレス鋼，炭素鋼，アルミニウム，タングステンなどがあげられるが，一般に合金鋳物材の仕上げは困難である．

5.3 化学的加工法

化学的加工法は，薬品によって工作物の加工表面に化学反応を起こさせ，溶解，

腐食をさせて加工する方法である．この加工法には，化学研磨と腐食加工がある．

5.3.1 化 学 研 磨

電解研磨が電気分解による磨き作業であるのに対し，化学研磨（chemical polishing）は，加工すべき工作物を化学液中に浸漬して表面の凸部を溶解し，平滑な光沢面を得る方法である．

化学液は加工材料によって異なり，アルミニウムにはリン酸，硝酸が，亜鉛にはクロム酸，硫酸などが，銅およびその合金には硫酸，硝酸，塩酸などが，また炭素鋼にはリン酸，硝酸，硝酸カリ，硝酸ナトリウムなどが用いられる．化学液の温度，時間などは適当に選ばれる．

5.3.2 腐 食 加 工

金属の加工部分だけを露出させ，他の部分は耐食性の被膜で覆い，加工液中に浸漬すると，露出部分だけが溶解，腐食されて彫刻，切抜きなどができる．このような加工が腐食加工である．この方法はケミカルミリング（chemical milling）とも呼ばれ，加工物の材質（硬さとか延性など）に左右されず，形状からくる制限も受けない．したがって，フライス程度の高能率な除去作業で複雑な形状のものでも加工できる大規模な3次元のエッチングである．特殊な機械を必要としないが，機械加工のように丸みや角が精度良く加工できない欠点がある．

演習問題

5.1 特殊加工法の意味を述べ，その種類をあげよ．
5.2 ワイヤ放電加工の特徴について説明せよ．
5.3 電解加工と電解研削との違いについて説明せよ．
5.4 電子ビームの加工原理について説明せよ．
5.5 レーザーの誘導放出の原理について説明せよ．
5.6 レーザーの発振原理について説明せよ．
5.7 化学的加工法とはどういう加工法か．

参 考 文 献

1） 安永暢男：レーザーが変える加工技術，海文堂（1992）．

2) 清水寛一郎：改訂 機械製作法概論, 日本理工出版会 (1993).
3) 小菅敏孝, 大村　勝, 阿波屋義照：機械加工学, 文理堂 (1986).
4) 桜井　彪：レーザー (Laser), パワー社 (1984).
5) 金岡　優：レーザ加工, 日刊工業新聞社 (1999).
6) 宮崎俊行：宮沢　肇, 村川正夫, 吉岡俊朗：レーザ加工技術, 産業図書 (1998).
7) 中山一雄, 上原邦雄：新版 機械加工, 朝倉書店 (1999).
8) 松岡　徹：レーザ読本, オーム社 (1984).
9) 冨本直一, 岩崎健史, 中村和司, 大場信昭：放電加工, 日刊工業新聞社 (1999).
10) 眞鍋　明, 葉石雄一郎：形彫放電加工, 日刊工業新聞社 (1999).
11) 田中芳雄, 喜田義宏, 杉本正勝, 宮本　勇, 土屋八郎, 後藤英和, 杉村延広：エース 機械加工, 朝倉書店 (1999).
12) 津和秀夫：機械加工学, 養賢堂 (1999).

6. 工作物の精度評価

現在の材料加工では，μm 単位での加工は普遍的であり，nm 単位での加工も行われるようになってきている．しかし，いくら精密に加工しても，工作機械の精度誤差，工具摩耗，熱変形や振動などによって，加工された製品（加工物）の寸法・形状に誤差を生じ，目的とする完全な寸法に加工できない．このため，ある一定の寸法の領域内（公差）に仕上げるようにし，それらの寸法をもって加工精度とし，これによって設計仕様を満たす方式が採用されている．ところで，精度評価には製品の寸法・形状の測定が必要であり，そして測定するためには測定器や測定法の知識が求められる．

本章では測定器や測定法の詳細については他書にゆずり，実際の工作物の測定，および精度評価における種々の問題点について述べる．

6.1 加 工 精 度

加工精度は工作精度ともいい，加工後の工作物の品質レベルを示す尺度（公差の程度）で，寸法精度，幾何公差（幾何学的形状精度），表面粗さ（幾何学的表面粗さ）などがある．寸法精度は長さや角度などの精度で，ある公差内に寸法が収まっていることが要求され，JIS にはその公差等級が規定されている．幾何公差は理論的な形状からのずれによって評価される．JIS には真直度，平面度，真円度，円筒度などが規定されている．また，表面粗さは表面の滑らかさを評価するもので最大高さ，算術平均高さなどがある．

次に，加工精度がものづくりにどのようにかかわるかについて，図 6.1 に示す一般的なものづくりの流れで説明する．

加工精度は，ものづくりの工程の機械加工時，あるいは検査・組み立て時の加

アイデア → 機械設計 → 機械製図 → 機械加工 → 検査・組み立て → 性能評価 → 製品

図 6.1　ものづくりの流れ

工物の寸法・形状を測定して得られる．すなわち，加工物の寸法あるいは形状が指定された公差内に仕上がっているかを検査するためにある．そして製作図面と一致していなければ，製品の価値が低下するので，再度作りなおさなければならない．このように加工精度は非常に重要で，ものづくりの基本となるものである．したがって，ものづくりにおける加工精度を上げるためには加工法の工夫とともに，最適な測定法と測定器の選択なども考慮しなければならない．

6.2 寸法公差

寸法公差とは，製品の基準となる基準寸法に対し許容される最大値と最小値の差をいう．

ものをつくったとき，実際に仕上がった実寸法はきっちりと基準寸法どおりにはならない．しかし，組み立てられた機械部品の機能を損なわない範囲に寸法を指示するようにすれば，加工が容易となる．この範囲を寸法公差という．JISには寸法公差（JIS B 0401）と幾何公差（形状公差，姿勢公差，位置公差，振れ公差）（JIS B 0021）の定義，およびその指定の仕方が定められている．表6.1に寸法公差の例を示す．

表6.1 寸法公差の例（JIS B 0401）

基準寸法(mm)		IT1	IT2	IT3	IT4	IT5	IT6	IT7	IT8	IT9	IT10	IT11
を超え	以下					公差（μm）						
—	3	0.8	1.2	2	3	4	6	10	14	25	40	60
3	6	1	1.5	2.5	4	5	8	12	18	30	48	75
6	10	1	1.5	2.5	4	6	9	15	22	36	58	90
10	18	1.2	2	3	5	8	11	18	27	43	70	110
18	30	1.5	2.5	4	6	9	13	21	33	52	84	130
30	50	1.5	2.5	4	7	11	16	25	39	62	100	160
50	80	2	3	5	8	13	19	30	46	74	120	190
80	120	2.5	4	6	10	15	22	35	54	87	140	220
120	180	3.5	5	8	12	18	25	40	63	100	160	250
180	250	4.5	7	10	14	20	29	46	72	115	185	290
250	315	6	8	12	16	23	32	52	81	130	210	320
315	400	7	9	13	18	25	36	57	89	140	230	360
400	500	8	10	15	20	27	40	63	97	155	250	400

軸や穴などを加工するとき，仕上り寸法が大きくなるに従い精度が低下する．そこで，製品の仕上り寸法となる基準寸法の大きさをある範囲ごとに区分し，同一基準寸法区分内にあるものに対し，同一の寸法公差となるように定めている．

また寸法公差には，面の精度により International Tolerance の頭文字をとって IT1〜IT18 の等級が決められている．

6.3 寸 法 許 容 差

寸法許容差とは基準寸法にとった値とそれに対して許容される限界値との差である．

たとえば，基準寸法が 50.00 mm であり，

① 許容される最大許容寸法が 50.04 mm，最小許容寸法が 49.98 mm のとき，$50.00^{+0.04}_{-0.02}$ と表される．そして，50.04 - 49.98 = 0.06 mm を寸法公差，50.04 - 50.00 = +0.04 を上の寸法許容差，49.98 - 50.00 = -0.02 を下の寸法許容差という．

② 許容される限界の値が 49.98 mm および 49.96 mm のとき，$50.00^{-0.02}_{-0.04}$ と表される．そして，0.02 を寸法公差，49.98 - 50.00 = -0.02 を上の寸法許容差，49.96 - 50.00 = -0.04 を下の寸法許容差という．

6.4 普 通 公 差

図面の指示を簡単にすることを意図し，個々の公差の指示がない長さ寸法および角度寸法に対する公差等級の普通公差が JIS B 0405 に規定されている．この規格は金属の除去加工または板金成形によって製作された部品，または組立品を加工して得られる長さ寸法，角度寸法あるいは幾何公差に適用される．

長さ寸法でいえば，外側寸法，内側寸法，段差寸法，直径，半径，間隔，かどの丸み，かどの面取り寸法などである．角度寸法は通常，図面に指示されない直角，または正多角形の角度などであり，幾何公差は真直度，平面度，直角度などである．これらを表 6.2〜表 6.6 に示す．

6.5 寸 法 精 度

製作図面に記された加工精度は，長さ，円筒，穴，穴ピッチ間，角度，深さな

表6.2 面取り部分を除く長さ寸法に対する許容差

公差等級		基準寸法の区分(mm)							
記号	説明	0.5以上 3以下	3を超え 6以下	6を超え 30以下	30を超え 120以下	120を超え 400以下	400を超え 1000以下	1000を超え 2000以下	2000を超え 4000以下
		許容差							
f	精級	±0.05	±0.05	±0.1	±0.15	±0.2	±0.3	±0.5	—
m	中級	±0.1	±0.1	±0.2	±0.3	±0.5	±0.8	±1.2	±2
c	粗級	±0.2	±0.3	±0.5	±0.8	±1.2	±2	±3	±4
v	極粗級	—	±0.5	±1	±1.5	±2.5	±4	±6	±6

表6.3 面取り部分の長さ寸法(かどの丸みおよびかどの面取寸法)に対する許容差

公差等級		基準寸法の区分(mm)		
記号	説明	0.5以上3以下	3を超え6以下	6を超えるもの
		許容差		
f	精級	±0.2	±0.5	±1
m	中級			
c	粗級	±0.4	±1	±1
v	極粗級			

表6.4 角度寸法の許容差

公差等級		対象とする角度の短い方の辺の長さの区分(mm)				
記号	説明	10以下	10を超え 50以下	50を超え 120以下	120を超え 400以下	400を超えるもの
		許容差				
f	精級	±4°	±30′	±20′	±10′	±5′
m	中級					
c	粗級	±1°30′	±1°	±30′	±15′	±10′
v	極粗級	±3°	±2°	±1°	±30′	±20′

6.5 寸法精度

表6.5 真直度および平面度の普通公差

公差等級	呼び長さの区分 (mm)					
	10以下	10を超え 30以下	30を超え 100以下	100を超え 300以下	300を超え 1000以下	1000を超え 3000以下
	真直度公差および平面度公差					
H	0.02	0.05	0.1	0.2	0.3	0.4
K	0.05	0.1	0.2	0.4	0.6	0.8
L	0.1	0.2	0.4	0.8	1.2	1.6

表6.6 直角度の普通公差

公差等級	短い方の辺の呼び長さの区分 (mm)			
	100以下	100を超え 300以下	300を超え 1000以下	1000を超え 3000以下
	直角度公差			
H	0.2	0.3	0.4	0.5
K	0.4	0.6	0.8	1
L	0.6	1	1.5	2

どの寸法に指定されている．ここではまず測定法を簡単に説明し，次に実際の測定例をあげて寸法精度の基本的概念と問題点などについて述べる．

6.5.1 長さの測定

長さには加工物の外側（円筒であれば外径），内側（内径），穴の深さなどがある．これらの寸法を測定する方法には直接測定と比較測定がある．直接測定は加工物の寸法を測定器を用いて直接読み取るもので，測定器は基準となる尺度目盛をもっているので，実際の寸法をただちに読み取ることができる．

一方，比較測定は加工物の寸法と標準寸法を比較して，その差を測定して加工物の寸法を知る方法で，測定に時間がかかること，測定に慣れることが必要であることなどから，大量部品の測定には不向きである．また，精度の高いものを測定する場合，測定器は標準寸法と比較して微小な寸法を機械的・電気的・流体的に拡大して表示する方法が用いられている．

表6.7に長さの測定器の種類と特徴を示す．表6.8には比較測定として用いら

表6.7 長さ測定器の種類と特徴

測定法	名　称	測定範囲	最小読取目盛 (mm)	構造, 特徴
直接測定	スケール	300, 1000	1	
	ノギス	150, 200, 300	0.05	デジタル式も可.
	ハイトゲージ	150, 200, 300, 600	0.02	トースカンとスケールを組み合わせた測定器で定盤の上で測定する. デジタル式は不可.
	デプスゲージ	ノギス式 0〜25, 25〜50	0.05	工作物のみぞや穴の深さを測定する.
		マイクロメータ式 0〜25	0.01	
	外側マイクロメータ	0〜25, 25〜50, 50〜75, 75〜100, 100〜125	0.01	狭い場所でも測定できるようにフレームの先端を加工してもよい, 調節用ブロックゲージが必要. デジタル式は不可.
	内側マイクロメータ	0〜25, 25〜50, 50〜75, 75〜100, 100〜125	0.01	デジタル式は不可.
	シリンダゲージ	18〜35, 35〜60, 50〜100, 50〜150, 100〜160, 160〜250, 260〜400	0.002	浅穴用, 深穴用, 小口径用
	測長器	500, 1000, 2000	0.001	比測定物の長さに沿って読み取り顕微鏡を移動させて内蔵した標準尺を読み取る.
	ダイアルゲージ	5, 10	0.01	ラックとピニオン
		1, 2, 5	0.001	
		0.5, 0.8, 1.0	0.01	てこ式
	ミニメータ	±0.06	0.01〜0.001	測定子の直線運動をてこクランク機構で指針の回転運動に変える.
	オルソテスト	±0.1	0.001	測定子の動きをてこ歯車で拡大する.
	ミクロケータ		0.01〜0.0001	拡大機構に金属のねじり薄片を利用する.
	オプチメータ	0.1	0.001	光てこを応用.

表6.8 ブロックゲージの寸法精度 (JIS B 7503) (単位 μm)

等級		K級		0級		1級		2級	
呼び寸法 (mm)		寸法許容差 (±)	寸法許容差幅	寸法許容差 (±)	寸法許容差幅	寸法許容差 (±)	寸法許容差幅	寸法公差 (±)	寸法許容差幅
を超え	以下								
*0.5	10	0.2	0.05	0.12	0.1	0.2	0.16	0.45	0.3
10	25	0.3	0.05	0.14	0.1	0.3	0.16	0.6	0.3
25	50	0.4	0.06	0.2	0.1	0.4	0.18	0.8	0.3
50	75	0.5	0.06	0.25	0.12	0.5	0.18	1	0.35
75	100	0.6	0.07	0.3	0.12	0.6	0.2	1.2	0.35
100	150	0.8	0.08	0.4	0.14	0.8	0.2	1.6	0.4
150	200	1	0.09	0.5	0.16	1	0.25	2	0.4
200	250	1.2	0.1	0.6	0.16	1.2	0.25	2.4	0.45
250	300	1.4	0.1	0.7	0.18	1.4	0.25	2.8	0.5
300	400	1.8	0.12	0.9	0.2	1.8	0.3	3.6	0.5
400	500	2.2	0.14	1.1	0.25	2.2	0.35	4.4	0.6

注) *印の呼び寸法0.5 mmは，この寸法区分に含まれる．

れるブロックゲージの寸法精度を示す．ブロックゲージは実用的長さの基準として最も精度の高いもので，"密着する"という特徴から，何個かを組み合わせることによりあらゆる寸法を作りだすことができる．

図6.2に実際に長さ測定を用いた場合の各種の長さ測定器と測定要領を示す．

6.5.2 長さの測定例

a. ブロック形状の製品の加工例

製品の長さの最も簡単な測定はノギスによる方法である．簡単な例として，図6.3に示すようなブロック形状の製品を機械構造用炭素鋼 S45C の素材で加工する場合には，取りしろを考慮して口20の角材を用いる．加工法，表面粗さ，寸法許容差は図中の（注）で指示されているように，それぞれ除去加工，$6.3\,\mu m$，普通許容差±0.1となっているので，幅の寸法は18.4±0.1，すなわち18.3〜18.5の範囲となり，フライス加工で寸法，粗さとも実現できる．そして，この場合の寸法精度はノギスで保証される．

また，寸法許容差が0.01，0.001のように指示されると，それに見合う測定器

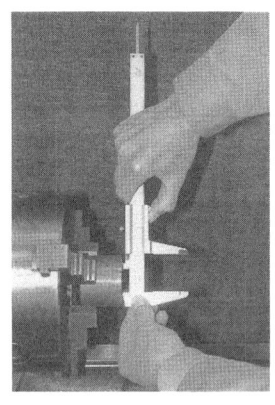

(a) ノギスによる内径の測定例

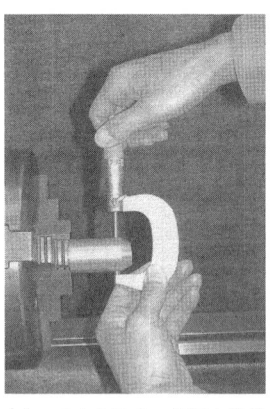

(c) マイクロメータによる外径の測定例

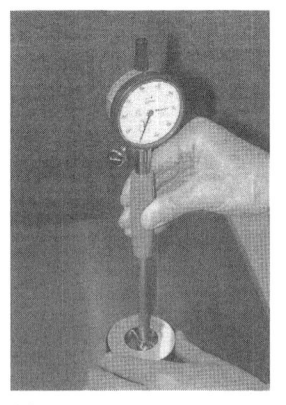

(e) シリンダゲージによる内径の測定例

(b) ノギスによる外径の測定例

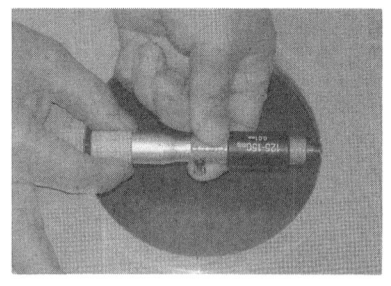

(d) インサイドマイクロメータによる内径の測定例

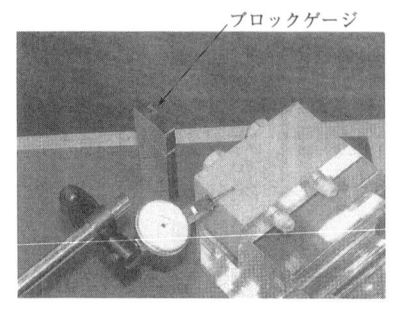

(f) ブロックゲージとダイアルゲージを用いた高さ寸法，ならびに平面の平行度の測定例

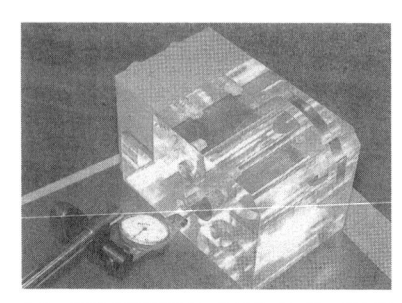

(g) 定盤を基準面にしてダイアルゲージを用いた穴の垂直度（倒れ）の測定例

図 6.2　各種の長さ測定器と測定要領

が必要である．例えば 18.40 ± 0.02 ならば，$18.38 \sim 18.42$ の範囲の測定になるので，測定器はマイクロメータあるいはブロックゲージによる比較測定となり，機械加工法も変わる．表6.9に加工法と表面粗さの関係を示す．

b．みぞ付平板の加工例

図6.4に示すようなみぞ付平板を加工する場合を取り上げる．図中の（注）にあるように，加工面の直角度，板の表裏の平行度，表面粗さなどが厳しく規定されている．すなわち，板の表面は研削盤で $1.6\,\mu m$ に仕上げねばならない．表面粗さが $1.6\,\mu m$ というのは研削で仕上げられる．しかし，板厚 12 ± 0.1 の寸法精度で仕上げられても板の表裏の平行度が0.01 というのは，いくら基準寸法内に入っていても深さ3mm のみぞの加工によって板のひずみ（そり・かえり）が生じ

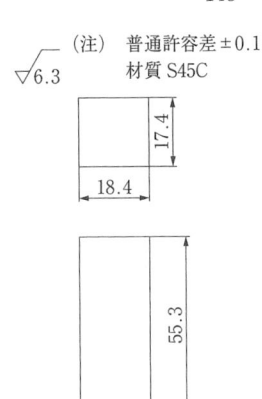

図6.3 ブロック形状の製品の加工例

表6.9 加工法と表面粗さの関係

表面粗さの表示	0.1S	0.2S	0.4S	0.8S	1.5S	3S	6S	12S	18S	25S	35S	50S	70S	100S	140S	200S	280S	400S	560S
粗さの範囲 μm	0.1以下	0.2以下	0.4以下	0.8以下	1.5以下	3以下	6以下	12以下	18以下	25以下	35以下	50以下	70以下	100以下	140以下	200以下	280以下	400以下	560以下
三角記号		▽▽▽▽			▽▽▽			▽▽						▽					
正面フライス削り					精密														
平削り																			
形削り（立削りを含む）																			
フライス削り						精密													
精密中ぐり																			
やすり仕上げ						精密													
丸削り			精密		上		中					荒							
中ぐり						精密													
きりもみ																			
リーマ通し				精密															
ブローチ削り						精密													
シェービング																			
研削		精密		上		中			荒										
ホーン仕上げ			精密																
超仕上げ	精密																		

146   6. 工作物の精度評価

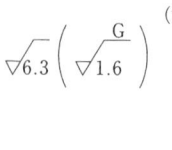

$\sqrt{6.3}\left(\sqrt[G]{1.6}\right)$

(注) 1　85.3と100.3の直角度 0.05／85.3
2　面と辺の直角度 0.05／12
3　表裏の平行度 0.01
4　普通許容差 ±0.1
5　材質 S45C

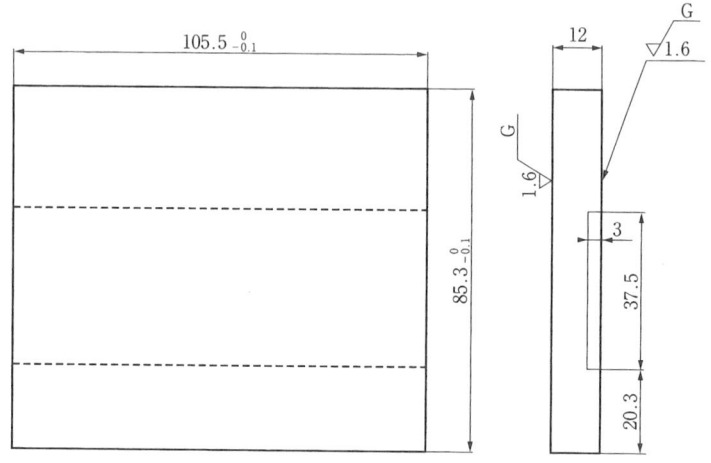

図 6.4　みぞ付平板の加工例

ることがある．板にひずみが発生すると組み合わされる相手部品にうまく入らないことがあるので，平行度の測定は無視できない．直角度，平行度などの測定には定盤，ダイアルゲージなどが用いられる．

c．円筒形状の寸法の測定

図 6.5 はアルミニウム材のスリーブ状部品の加工例である．このような部品を実際の現場で加工する場合，受注個数，納期，品質，どのような機械で加工し，ジグをどうするかなどが検討される．大量生産する場合，とくに穴径の測定にはプラグゲージ（栓ゲージ）が用いられる．例えば，図に示すように穴径の寸法については，

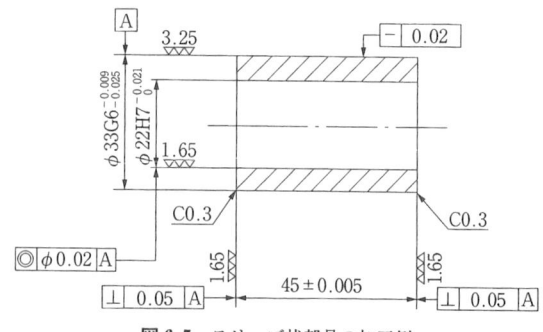

図 6.5　スリーブ状部品の加工例

22.000〜22.021（ϕ22H7）とかなり厳しい加工精度となっている．この場合，シリンダゲージで穴径を測定すると経験を要するが，プラグゲージで測定することによって容易に寸法の品質が保障される．なお，ϕ22H7のプラグゲージは市販されている．

外径 $33.000^{-0.009}_{-0.025}$ については，32.991〜32.975 の範囲で加工しなければならない．すなわち，1μm の精度が要求されるので，測定には最小読取目盛 0.001 のマイクロメータが基本となる．とくに，旋盤でこのような円筒状のものを加工する場合には，材料によって熱影響が問題となる．

例えば，ステンレス鋼を 33.000 に仕上げるとして，図 6.2（c）に示すような旋盤のチャックに部品を取り付けた状態で測定する場合は，仮りに，33.000 ちょうどに仕上げたとしても，部品をチャックからはずして数時間後に改めて測定すると，10〜15μm 程度基準寸法が小さくなっている場合がある．したがって，このような材料の機械加工の寸法測定には経験が必要とされることが多い．

内径 ϕ22H7$^{-0.021}_{0}$ については，はめあい記号 H7 の穴基準のすきまばめで表示されている．基準寸法は 22.000$^{-0.021}_{0}$ で，21.979〜22.000 の範囲に加工しなければならない．すなわち，1μm の加工精度で測定しなければならないので，それに見合った測定器が用いられる．簡易的にはキャリパ形内側マイクロメータ，棒状マイクロメータ，シリンダゲージなどで測定する．

キャリパ形内側マイクロメータと棒状マイクロメータの場合には，ブロックゲージとブロックゲージホルダを合わせて基準を設定する．シリンダゲージの場合は，ϕ22 のリングゲージを用いて，シリンダゲージとリンクゲージとの差を読み取り，絶対値を合わせて基準を調整することによって測定できる．

また，後述するが，同心度（記号：◎）については，単品物あるいは数物によって異なる．簡略に測定する場合は，図 6.2（g）に示すような方法で V ブロックを基準にして測定が可能である．直角度（記号：⊥）についても同様の方法を工夫することによって測定できる．

d．異形をもつ円筒形状の寸法測定の例

次に，円筒形状の製品で，切削時の加工精度が加工寸法に与える影響について説明する．図 6.6 はみぞと穴が交差する円筒形状の加工例である．図に示すように，AB 方向にみぞがあり，CD 方向に穴が貫通している．このような製品を加工

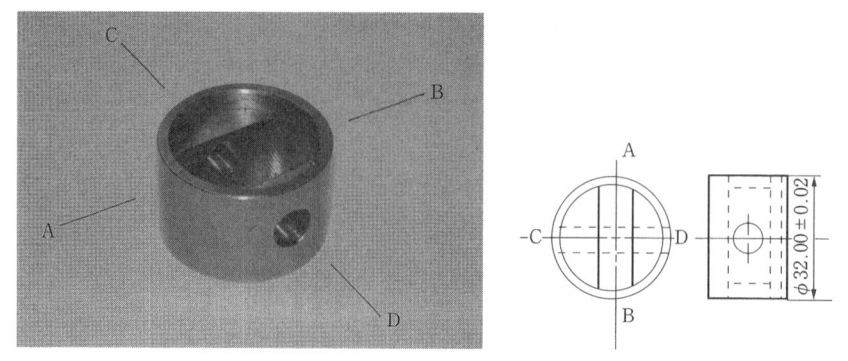

図6.6 みぞと穴が交差する円筒形状の加工例

する場合に問題になるのは，素材が均一な組織，あるいはひずみを有しているかどうかにある．とくに加工材料によってその影響は大きくなる．この場合の加工材料には黄銅を用いている．

まず，通常の旋盤加工をした後，AB，CD方向の直径を測定したところ，肉厚部分（CD方向）と肉薄部分（AB方向）に2/100程度の寸法誤差が生じた．これは，加工時の肉厚部分と肉薄部分の差による応力集中を原因とする加工誤差と考えられた．そこで，加工物のチャッキング法として，ジグを用いて偏心しないように加工し，加工物を取り付けた状態でダイアルゲージで測定すると偏心していないことが確認できた．しかし，加工物を取り外すと最初の加工法と同程度の寸法誤差がみられた．

この原因として組織の不均一が考えられたので，次に400℃で2時間加熱後，除冷の熱処理を施し，ジグを用いて加工したところ，ほとんど寸法誤差がなくなった．

このように加工精度を向上させるためには，熱処理を行い材質を均一にすると効果的である場合もある．

6.5.3 角度の測定

加工物の一部には直角，あるいは斜面などある種の角度を有する場合がある．そのような場合には当然，指定された角度になるように加工し，測定しなければならない．そのためには角度の測定器が必要である．表6.10に角度測定器の種類

表 6.10 角度測定器の種類と特徴

名 称	構造, 特徴
角度ゲージ	単端基準であり, 何個かのゲージを組み合わせて, 希望の角度を設定する. ヨハンソン式と NPL 式がある.
直角定規	単端基準であり, 90°の角度を固定した2面で, 2つの面の直角度を測る.
サインバー	目盛基準であり, 直定規の両端のローラと定盤の間にブロックゲージを挿入して, ブロックゲージの高さの差から次の式で角度 ϕ を求める. $\sin\phi = (H-h)/L$
水準器	目盛基準であり, 気泡管を持つ台座を被測定物にあて, 気泡管内の気泡の動きで, 水平・垂直度を調べる.
クリノメータ	目盛基準であり, 旋回目盛板に取り付けられた気泡管の気泡が中央になるように旋回調節して回転角を得る.
オートコリメータ	目盛基準であり, 小さな角度差を測定する光学測定器で, 光源から出た光が反射鏡で反射して接眼レンズに入る. もし反射鏡が傾いていれば傾きの差が接眼レンズで読み取れる. 測れる角度は最大で 20′ か 30′.
ロータリエンコーダ	目盛基準であり, 回転スリット円板とインデックスを組み合わせ, 通過する光の明暗を電気信号に変換して角度をデジタル表示する.
投影器	光学的拡大機構を応用して直接に度, 分が読み取れる.

と特徴を示す.

6.6 幾何学的形状精度 (幾何公差)

実際の加工物の形状は曲がるとか, ひずむとか, 表面にきずがあるとか, 加工時の寸法精度以外の問題が生じることがある. また, 製品の寸法精度は公差内に入っているが, 切削熱による熱変形を起こし, 基準線から偏心したり, 長さ方向にそるなどの問題が加工現場で発生することも多い.

材料の熱変形は, 鋼の膨張係数が 11.5×10^{-6} であるので, 切削加工時の材料の表面温度は常温時に比べかなり上昇する. したがって, 加工時に被削材を取り付けた状態で測定した場合と, 取り外した後の常温時に測定した場合とでは百分の数 mm の測定誤差は絶えず経験することである. そのために, 寸法精度以外に形状精度とか表面粗さを考えなければならない.

加工物の形状, 姿勢のゆがみ, 位置のずれ, 振れなどに対する公差が幾何公差であり, JIS に規定されている.

表 6.11 幾何公差の種類（JIS B 0021）

公差の種類		記号	公差域の定義
形状公差	真直度	—	対象とする平面内で，公差域は t だけ離れ，指定した方向に，平行二直線によって規制される．　　　公差値の前に記号 ϕ を付記すると，公差域は直径 t の円筒によって規制される．
	平面度	▱	公差域は，距離 t だけ離れた平行二平面によって規制される．
	真円度	○	対象とする横断面において，公差域は同軸の二つの円によって規制される．
	円筒度	⌭	公差域は，距離 t だけ離れた同軸の二つの円筒によって規制される．
	線の輪郭度	⌒	データムに関連しない線の輪郭度公差　公差域は，直径 t の各円の二つの包絡線によって規制され，それらの円の中心は理論的に正確な幾何学形状をもつ線上に位置する．
	面の輪郭度	⌓	データムに関連しない面の輪郭度公差　公差域は，直径 t の各球の二つの包絡線によって規制され，それらの球の中心は理論的に正確な幾何学形状をもつ線上に位置する．
姿勢公差	平行度	∥	データム平面に関連した表面の平行度公差　公差域は，距離 t だけ離れ，データム平面に平行な平行二平面によって規制される．

6.6 幾何学的形状精度（幾何公差）

姿勢公差	直角度	⊥	**データム平面に関連した線の直角度公差** 公差値の前に記号φが付記されると，公差域はデータムに直角な直径 t の円筒によって規制される．	
	傾斜度	∠	**データム平面に関連した直線の傾斜度公差** 公差値は，距離 t だけ離れ，データムに対して指定された角度で傾いた平行二平面によって規制される．	
位置公差	位置度	⊕	**点の同心度公差** 公差値に記号φが付けられた場合には，公差値は，直径 t の円によって規制される．円形公差域の中心は，データム点 A に一致する．	
	同心度同軸度	◎	**軸線の同軸度公差** 公差値に記号φが付けられた場合には，公差域は直径 t の円筒によって規制される．円筒公差域の軸線は，データムに一致する．	
	対称度	⚌	**中心平面の対称度公差** 公差域は，t だけ離れ，データムに関して中心平面に対称な平行二平面によって規制される．	
振れ公差	円周振れ	↗	**円周振れ公差—半径方向** 公差域は，半径が t だけ離れ，データム軸直線に一致する同軸の二つの円の軸線に直角な任意の横断面内に規制される．	
	全振れ	↗↗	**円周方向の全振れ公差** 公差域は，t だけ離れ，その軸線はデータムに一致した二つの同軸円筒によって規制される．	

6.6.1 幾何公差の種類

表 6.11 に幾何公差の種類とその記号，および公差域の定義をまとめて示す．

6.6.2 幾何公差の加工例

a．ボールベアリングの内輪の精度（真円度）の測定例

幾何公差の種類は表 6.11 に示すように形状公差によって記号が異なり，いろい

ろな定義がある．実例としてボールベアリングの内輪の加工精度について説明する．ボールベアリングでは寸法精度を出すことと，形状精度としてとくに真円度を保証しなければならない．

図6.7はボールベアリングの内輪の加工図面と加工物である．加工物は研削盤（センタレス）によって外径が20.991～20.987の公差内に仕上げられる．加工物はセンタレスのためにフロントシューとリアシューの2つのシュー角に支えられて研削される．この場合，シューの取付け角度位置が変化すると真円度の形状精度が変化し問題になる．したがって，最適なシュー角度を設定しなければならない．例えば，フロントシュー角度$\alpha = 20°$でリアシュー角度βを変化させて加工した場合の真円度を図6.8に示す．この場合の測定倍率は2000である．この図より，真円度誤差が大きくなると真円度にうねりの山が現れているのがわかる．このようにして真円度を測定して最適なリアシュー角度を求め研削される．本例ではTalyrond 73（TAYLOR-HOBSON製）で真円度を測定し，$\beta = 17°～21°$の範

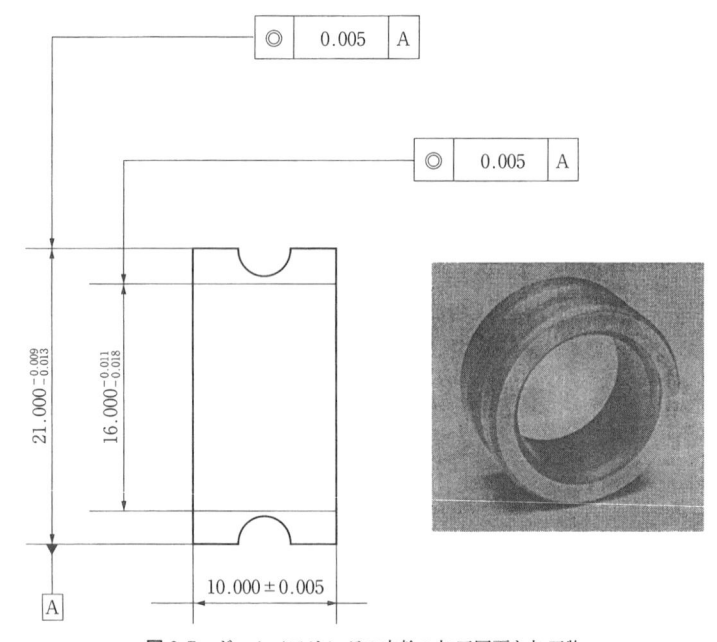

図6.7 ボールベアリングの内輪の加工図面と加工物

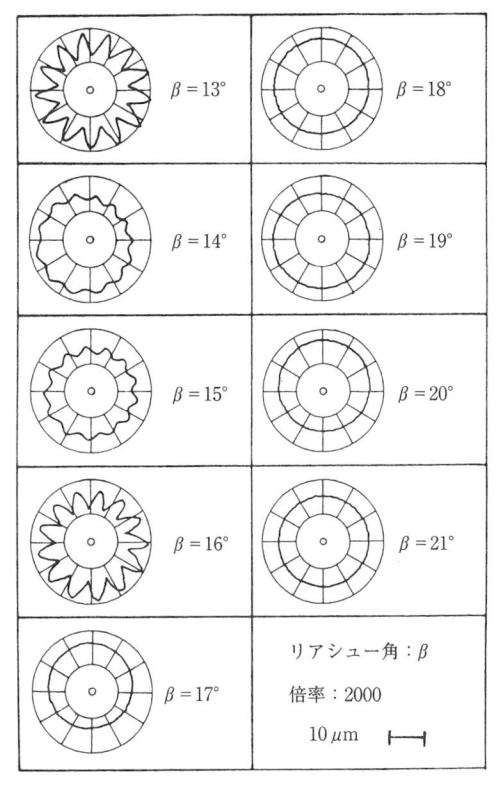

図 6.8 真円度に及ぼすリアシュー角の影響

囲で良好な結果を得ている．

6.7 幾何学的表面性状（表面粗さ）

6.7.1 表面形状

　機械加工を行った表面は，工具，被削材および加工条件などによって種々の様相を呈する．最終的な仕上げ面の表面形状が，作製された部品の性能を左右することも多い．このことから，設計仕様上重要な面については，設計図での表面形状の指定が不可欠であり，機械加工後に指定の表面形状を有しているかを検査することは非常に重要である．これらの基準となる表面形状は輪郭曲線方式を用いた粗さ曲線とうねり曲線，および断面曲線などで表される．以下，輪郭曲線方式

による表面形状の求め方,ならびに測定例について述べる.

6.7.2 表面粗さの測定法
表6.12に表面粗さの測定機を示す.

6.7.3 輪郭曲線
仕上げ面は粗いものから滑らかなものまであるが,いずれも細かな凹凸が存在しており,凹凸の周期の大きいものをうねり,周期の小さいものを粗さといっている.輪郭曲線方式では,これらを輪郭曲線フィルタを用いて分離し,うねり曲線および粗さ曲線と表現している.なお,輪郭曲線とは断面曲線,粗さ曲線およびうねり曲線の総称である.

粗さ曲線はカットオフ値 λ_c の高域フィルタによって,断面曲線から長波長成分を遮断して得た輪郭曲線である.一方,うねり曲線は断面曲線にカットオフ値 λ_f の輪郭曲線フィルタによって長波長成分を遮断し,λ_c の輪郭曲線フィルタによって短波長成分を遮断することによって得られる輪郭曲線である.図6.9に粗さ曲線およびうねり曲線の伝達特性を示す.

表6.12 表面粗さ測定機

名称		構造,特徴
接触式	触針式測定機	測定物の表面上を触針が横運動しながら表面の輪郭形状に沿って縦運動(垂直運動)して表面を測定する.
	輪郭形状測定機	触針式測定機よりも垂直方向の振れを大きくしたもので,歯車の形状などを測定できる.
	AFM	探針と試料表面間に働く原子間力が一定となるように,探針の高さ方向をピエゾアクチュエータなどで制御しながら試料表面を走査し,試料表面の凹凸に応じて上下する探針の位置を光てこの原理で凹凸の高さを測定する.
非接触式	光波干渉測定法	光の照射面のエリア内の凹凸を光の干渉を利用して求めるもので,平行平板上から波長 λ の光を入射させ,平行平板の底と試料表面からの反射光との干渉縞の現れ方により凹凸を測定する.
	光触針測点法	機械的な触針を光にかえたもので,平行光レーザを対物レンズから試料表面に照射する.試料表面が対物レンズの焦点位置にあれば反射光は平行光で戻り,試料表面が対物レンズに近づくと反射光は発散光となり,遠ざかると収束光となる.この発散,収束の変化量により試料表面の凹凸を測定する.

6.7 幾何学的表面性状（表面粗さ）

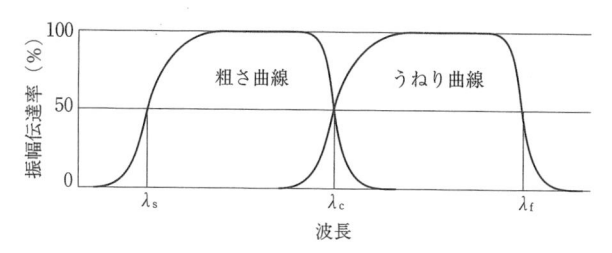

図 6.9 粗さ曲線およびうねり曲線の伝達特性

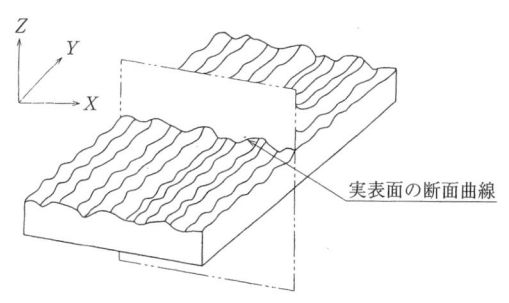

図 6.10 実表面の断面曲線

6.7.4 断面曲線

図 6.10 に実表面の断面曲線を示す．実表面の断面曲線は，実表面を指定された平面によって切断したとき，その切り口に現れる曲線である．輪郭曲線の特性を求めるために X 軸方向にとる長さが基準長さであり，この基準長さの実表面の断面曲線を測定断面曲線という．輪郭曲線フィルタは，図 6.9 に示すとおり，λ_s, λ_c, λ_f があり，これによって実表面の断面曲線をうねり曲線と粗さ曲線に分離する．また，測定断面曲線にカットオフ値 λ_s の低域フィルタを適用した曲線を断面曲線という．

6.7.5 平均線

平均線は断面曲線，粗さ曲線およびうねり曲線にそれぞれ定められる．断面曲線のための平均線は，最小二乗法によって断面曲線に当てはめた呼び形状を表す曲線となる．粗さ曲線のための平均線は，高域用 λ_c 輪郭曲線フィルタによって遮断される長波長成分を表す曲線であり，λ_f 輪郭曲線フィルタのかかっていないう

ねり曲線といえる．うねり曲線のための平均線は，低域用 λ_f 輪郭曲線フィルタによって遮断される長波長成分を表す曲線である．

6.7.6 表面粗さのパラメータ

世界各国で採用されている表面粗さに関するパラメータには以下のようなものがある．パラメータは表面粗さを評価するとき，測定目的によって最適な値を選定して解析する必要がある．

パラメータには高さ方向の特性，横方向の特性，縦，横両方向の特性を表すものなどがある．その一部を次に示す．

① 高さ方向のパラメータ（山および谷）

輪郭曲線の最大高さ Pz（断面曲線），Rz（粗さ曲線，最大高さ粗さ），Wz（うねり曲線，最大高さうねり）：図 6.11 に示すように，基準長さにおける輪郭曲線の山高さ Zp の最大値と谷深さ Zv の最大値との和．ここに Zp，Zv は図 6.12 に示す輪郭曲線要素（山とそれに隣り合う谷からなる曲線部分）である．

② 高さ方向のパラメータ（高さ方向の平均）

輪郭曲線の算術平均高さ Pa（断面曲線），Ra（粗さ曲線，算術平均粗さ），Wa（うねり曲線，算術平均うねり）：基準長さにおける輪郭曲線要素 $Z(x)$ の絶対値の平均．これは以下の式によって算出される．

$$Pa, \ Ra, \ Wa = \frac{1}{l} \cdot \int_0^l |Z(x)| \, dx$$

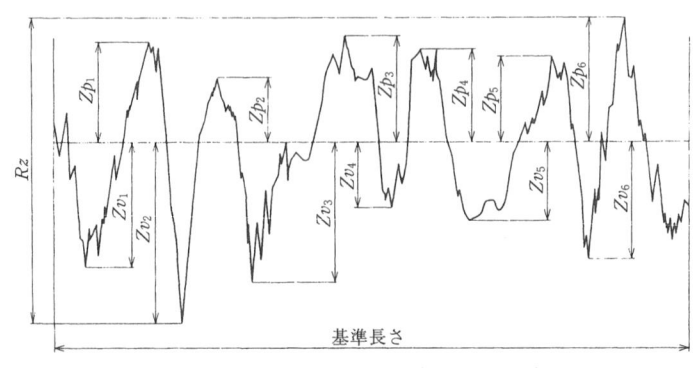

図 6.11 輪郭曲線の最大高さ（粗さ曲線の例）

6.7 幾何学的表面性状（表面粗さ）

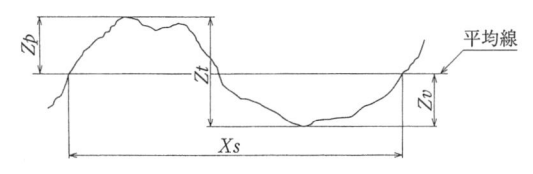

図6.12 輪郭曲線要素

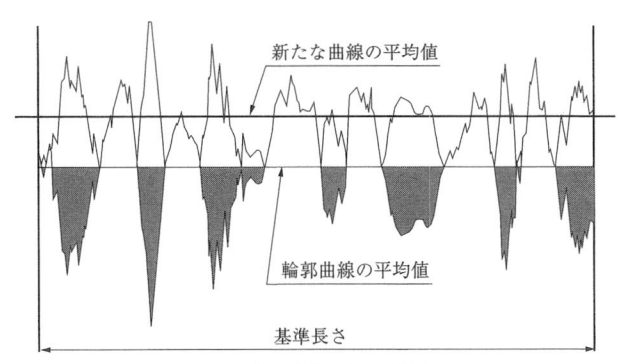

図6.13 輪郭曲線の算術平均高さ

この式で表されるとおり，輪郭曲線の算術平均高さは輪郭曲線の平均線を0として絶対値をとった図6.13の太い実線の平均値である．すなわち，この図の輪郭曲線の平均線以下のアミかけ部分の面積を平均線で反転してできた新たな曲線の平均値である．

6.7.7 表面粗さの測定例

図6.14に示すようなドリル加工において，穴加工面の表面粗さとドリル側面（ドリルの外周切れ刃部）の表面粗さを表面形状測定機（小坂研究所製）によって測定した．図6.14に穴加工面の表面粗さ，図6.15にドリル切れ刃側面の表面粗さの測定結果をそれぞれ示す．

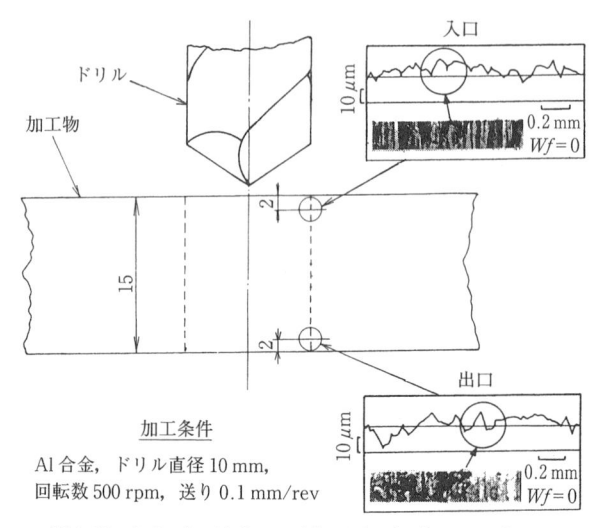

図 6.14 ドリル加工とドリル穴加工面の表面粗さの測定結果

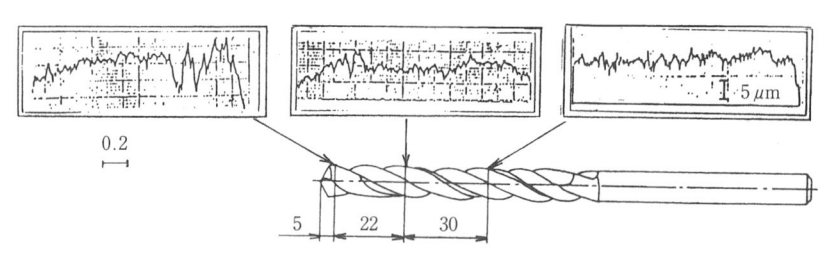

図 6.15 ドリル切れ刃側面の表面粗さの測定結果

6.8 自 動 計 測

　各種産業における製品形状の自動計測においては，センサあるいはセンサに類するものが多く使われている．センサ技術はものづくりシステムの要素技術として非常に重要であるので，ここでは一例として工作機械のインライン計測としてタッチセンサ，非接触センサについて説明する．
　マシニングセンタやNC旋盤に代表されるNC工作機械では，
　① 加工後のワーク仕上がり寸法の確認
　② パレット上にセッティングされたワークの座標系設定

6.8 自動計測

③ 主軸にセッティングされた工具の加工前の工具オフセット
④ 加工後の工具の折損検知

などの目的で，次に示すタッチセンサと称される測定機器が頻繁に使用されている．また，しばしば工作機械上でのインライン計測を行うことも目的とされる．

a．ワーク測定用タッチプローブ

ワーク測定に用いられるタッチセンサはタッチプローブと称され，ワークの測定部に触れて計測する接触式が一般的である．プローブは，図6.16のような形状をしたもので，工作機械の主軸に工具を取付ける要領で取り付けられており，大きくはワークに触れてその形状を確認する「スタイラス」と呼ばれる触覚部分と，スタイラスの付け根の接触を検知し信号を発する「プローブ本体」，その信号を受けてNC装置に出力する「トランスミッタ」に分かれている．

スタイラスは，測定するワーク形状に適した様々な形状のものが用意されており，自由に選択して，プローブ本体にねじ込んで使用される．セラミック製あるいは炭素繊維製のスティック形状のスタイラスが主に使用されているが，その先端に4 mm程度の人工ルビー製のボールが付けられ，そのボールをワークに接触させ計測を行うのである．以前は鋼製のスタイラスが使用されていたが，最近は，剛性が高くより軽量な上記材質のスタイラスに替わってきている．

プローブ本体は，スタイラスのワークへの接触を検知し電気信号に変換して，NC装置へ信号を伝達する役目を負ったものである．接触を検知する構造は，微小な機械接点によるもの，光学的な検出部によるもの，超音波の微振動の変化を検出するもの，歪ゲージの電気抵抗変化を検出するものなど種々の方法がある．また，プローブからトランスミッタへの信号伝達方式には次の4種類がある．

① ハードワイヤード（有線）
② インダクティブ（誘電）

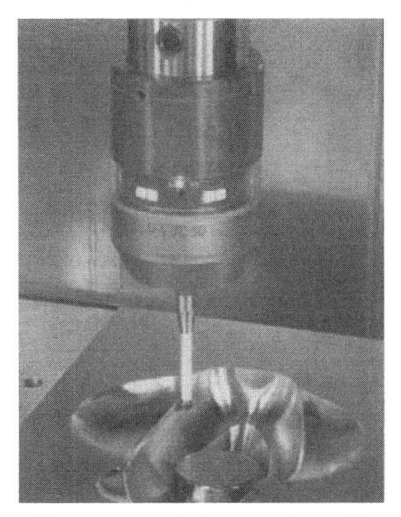

図6.16 ワーク計測用タッチプローブ例（Blum社）

③　オプティカル（赤外線）
④　FM（電波）

マシニングセンタやNC旋盤などでは，オプティカル方式が一般に使用されているが，プローブ本体から発せられた赤外線信号をトランスミッタの受光部で受けるという光伝達方式で信号を伝えているので，その間に光を遮蔽するものが存在したり，プローブ本体から発せられる光よりも強力な光の下では信号が伝達できない欠点がある．

五面加工機や横中ぐり盤など大型の工作機械では，様々な方向から測定したり広範囲なエリアで測定したりする必要があり，ワークによって信号光が遮蔽される場合が多々発生するので，FM方式を採用する場合が多い．

タッチプローブは，NC工作機械に設置されたワーク上の一点のX，Y，Z方向の位置座標を検出することを目的としたセンサで，位置座標の認識は次のように行なわれる．

①　NC工作機械を測定したい方向にNCプログラムの「スキップ」動作で送る．
②　スタイラスがワークに接触し，タッチプローブより発した検知信号をトランスミッタを介してNC装置に入力することにより機械が瞬時に停止する．
③　その停止した場所の位置座標を読み取り，NC装置の所定のメモリに記憶する．「スキップ」とは，その機能を実行すると所定の方向にNC工作機械を送っている最中に外部から信号を入力すれば瞬時にその場で停止し，その座標値を読み込むというNCプログラムの機能の一つである．

タッチプローブでは，図6.17に示すワークの形状が計測可能である．タッチプローブ単体の計測精度は，繰り返し精度で，約±1μm程度（2σ）であるが，タッチプローブの取り付け誤差やタッチプローブからの接触信号がNC装置に届くまでのタイムラグなど誤差要因を加味すれば，工作機械上の計測精度はおおよそ10μm程度となる．測定精度を向上させようとすれば，スキップ送りの速度を遅くすればよいが，測定時間が非常に長くなるので，時間と必要な精度の折り合いをつける必要がある．また，最初に早い速度で測定しおおよその位置を特定した後，今一度，測定点付近を遅い速度で動作させて測定精度を上げる二段階測定も有効である．

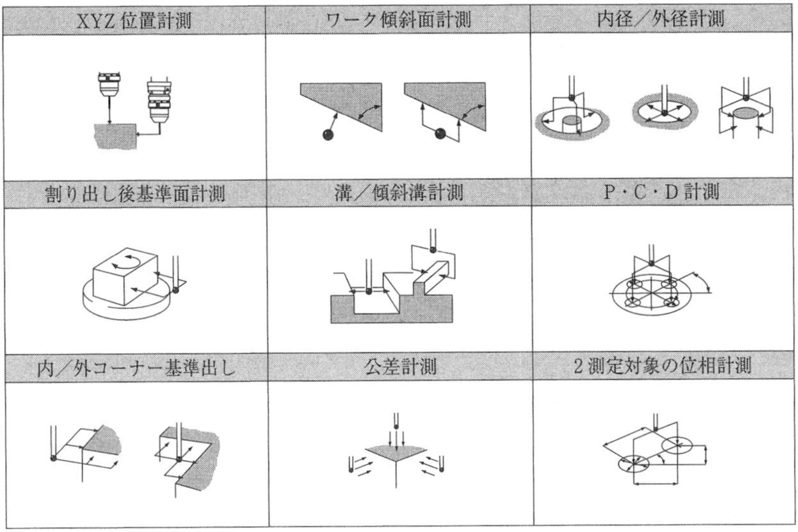

6.8 自動計測

XYZ位置計測	ワーク傾斜面計測	内径／外径計測
割り出し後基準面計測	溝／傾斜溝計測	P・C・D計測
内／外コーナー基準出し	公差計測	2測定対象の位相計測

図6.17 ワーク計測用タッチプローブでの計測例（Renishaw社）

　タッチプローブでの測定で注意をしなければならないことは，スタイラスはプローブ本体にねじ込まれているだけなので先端のボール接触子の中心線と機械主軸の中心線は通常は一致していないことである．このため，そのまま測定すれば，特に X，Y 方向に大きな誤差が生じることになり，キャリブレイトが必須となる．キャリブレイトには，プローブ本体を微調節して機械的にスタイラスのボールを主軸中心と一致させる方法と，基準測定片を使用して主軸中心とスタイラスボール中心の誤差をあらかじめ測定し NC 装置内にメモリしておいて測定時に補正を加える方法の二通りがある．

　また，誤操作によりタッチプローブがワークに衝突する場合がときどきあるが，高価なタッチプローブ本体を保護するために比較的安価なスタイラスはわざと他の部分より衝撃や負荷に対して弱く造られ，折損するようになっている．そのような場合は，新しいスタイラスをプローブ本体にねじ込むことによって簡単に交換することができる．ただし，そのつど，キャリブレイトする必要がある．

b．工具測定用センサ

　工具測定用センサとは，旋盤加工用のバイトの刃先位置の計測，あるいは，マシニングセンタに使用される回転工具の工具長さ・工具径やその位置の計測に使

用されるセンサで，接触式のタッチプローブとレーザ方式の非接触センサの2種類が使用される．

マシニングセンタを例にとると，テーブル側に固定されたセンサによって主軸に取り付けられた工具の形状（長さ・直径）を測定し，加工前の工具オフセットを行ったり，加工前と加工後の工具（ドリル・タップ）の長さを比較測定し，工具が折れたか否かを判断する工具折損検知を行ったりするものである．

1) 接触式のタッチプローブ　測定原理は，ワーク測定用タッチプローブと変わらないが，信号伝達方法はプローブが固定であるため，ハードワイヤード（有線）方式をとる場合がほとんどである．その一例を図6.18に示す．

2) レーザ方式の非接触センサ　レーザ光を工具が遮ったことでその位置を認識する非接触のセンサで，原理的には，半導体レーザのビームを光学的に細く絞り受光素子に照射し，そのビームを工具が50%遮ったことを検知して，スキップ信号をNC装置に送り測定するものである．その一例を図6.19に示す．

接触式も非接触式もその計測精度はほぼ同程度で，ワーク測定用タッチプローブに準じた値である．

この方法は従来，ドリル・タップの工具長測定やその折損検知に多用されていたが，最近，その測定方法を工夫することにより，正面フライスやエンドミルの刃先の測定も行なわれるようになってきている．ただし，切削に使用した工具に

図6.18　接触式工具計測タッチプローブ例（Blum社）

図6.19　レーザ方式の非接触センサ

は切屑やクーラント液が付着している場合が多く，それが工具測定に誤差となって表れる場合があるので，測定前には刃先の洗浄を常に心がけ，十分な注意が必要である．

演習問題

6.1 加工精度の3種類をあげよ．
6.2 寸法が50 ± 0.02と表されている場合，許容される寸法はいくらからいくらまでか．
6.3 形状公差の種類を3点あげよ．
6.4 直接測定と比較測定の相違を説明せよ．
6.5 粗さ曲線とうねり曲線について説明せよ．
6.6 輪郭曲線はどのような曲線を指すか．

参考文献

1) (財)日本規格協会 編：JIS ハンドブック 機械計測，日本規格協会 (2006).
2) 加藤 仁，藤井 洋，丸井悦男：機械工作法，森北出版 (1984).
3) 田中芳雄，喜田義宏，杉本正勝，宮本 勇，土屋八郎，後藤英和，杉村延広：エース 機械加工，朝倉書店 (1999).
4) 塚田忠夫，黒崎 茂，柳下福蔵：機械設計法，森北出版 (2002).
5) 副島吉雄，米持政忠：精密測定，共立出版 (1987).
6) 深津拡也：モノづくりのための精密測定，日刊工業新聞社 (2007).
7) 機械設計技術者試験研究会 編：機械設計技術者のための基礎知識，日本理工出版会 (2008).

7. 機械加工システムの自動化

　工業製品は，製品の企画・設計に始まって，多くの生産設備や労働力を動員し，機械加工，組立，検査などの多くの工程を経て生産される．これらの生産工程を実行する生産設備とその制御装置およびそれらを管理・制御するためのソフトウエアからなるシステムを生産システム（manufacturing system）と呼ぶ．生産システムは，図7.1に示すように，大別して五つのサブシステムからなる[1]．すなわち，製品計画システム（product planning system），技術情報処理システム（technological information processing system），生産管理情報処理システム（management information processing system），製造制御システム（production

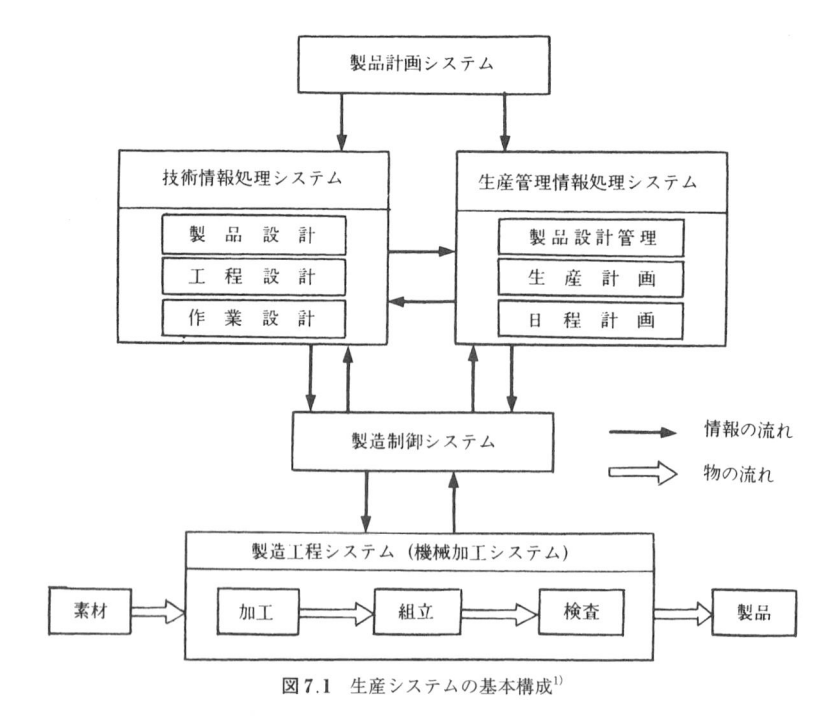

図7.1　生産システムの基本構成[1]

control system），製造工程システム（production process system）である．

製品計画システムは，市場のニーズを分析し，経営計画に合致する製品企画を立て，生産すべき製品の仕様と生産量などを意思決定する最も上流のシステムである．次に，技術情報処理システムは，製品計画システムで意思決定された製品の仕様に基づき，製品設計，工程設計および作業設計を行う．また，生産管理情報処理システムは，生産管理にかかわる情報処理を行うシステムで，生産量や納期などの状況に応じて生産のスケジュールを立て，必要な資材を購入したり生産の進捗状況や品質を管理するなどの情報処理を行う．製造制御システムは，上流の技術情報処理システムと生産管理情報処理システムより出力された技術情報と管理情報を，下流の製造工程システムに伝達し制御する．製造工程システムは，製造制御システムの指令に従って，入力された素材を加工し，実際に製品を製造するシステムである．

製造工程システムは，生産システムの最も下位の根幹をなす機械加工を主とするシステムで，機械加工システム（machining system）とも呼ばれる．

本章では，この機械加工システムの構成要素とその発達の経緯，およびそれらの機能について概説する．

7.1 機械加工システムの構成とその発展

機械加工システムは，図7.2に示すように素材，技術情報，管理情報およびエ

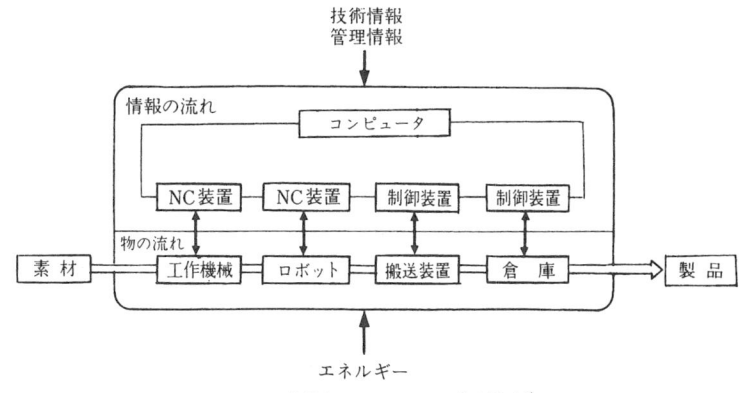

図7.2 機械加工システムの基本構成[2]

ネルギーを入力として,素材を加工し製品を出力するシステムである[2].このシステムは,工作機械,ロボット,搬送装置,倉庫などの生産設備,これらの設備を制御するNC装置およびコンピュータ,制御や管理に必要なソフトウエアなどから構成されている.

従来,技術情報や管理情報は通常,作業者,設計者,生産管理者などを介して伝達,判断され,実際の作業が実行されてきた.しかし,近年のコンピュータや制御装置の発達につれてコンピュータがその働きの多くを代行するようになり,急速に省力化,自動化が進んでいる.

以下では,機械加工システムを構成する主要な要素である工作機械と,機械加工システムの自動化の発達の経緯と現状について述べる.

7.2 工作機械の自動化

7.2.1 工作機械の発達の歴史

産業革命以前の工作機械は,人力によって工作物や工具に運動を与えて加工するもので,加工精度の悪い軽切削しか行えないものであった.18世紀後半になって,蒸気機関がJ. Wattによって発明され,工作機械が動力化されて産業革命を推進する原動力となった.この蒸気機関の主要部はシリンダーとピストンからできており,蒸気の圧力でピストンが往復運動し動力を発生する.したがって,シリンダーを精度よく加工する加工技術が最大の難問であった.J. Wilkinsonは,1775年にシリンダーを水平支持の軸受けで回転させ,切削工具を回転せず,中ぐり棒に切ったラックに噛み合う歯車をハンドルで回転し,送りをかけることで,高精度のシリンダーや砲身の加工ができる中ぐり盤を製造した(図7.3).また,1797年にH. Moseleyは,全金属製の送りねじにより送られる刃物台付きの旋盤を開発した(図7.4).このように,現在用いられている旋盤あるいはフライス盤などの主要な工作機械の原型がこの時代に完成し,蒸気機関を動力とする工作機械は,格段に高速化,高能率化された.

次に大きな変化をもたらしたのは,1952年にマサチューセッツ工科大学(アメリカ)で開発された数値制御(numerical control,NC)フライス盤である.このNC工作機械の出現は第二の産業革命ともいわれ,その後NC工作機械は実用化の道を進み,これによって加工の自動化技術は飛躍的に進歩した.数値制御とは,

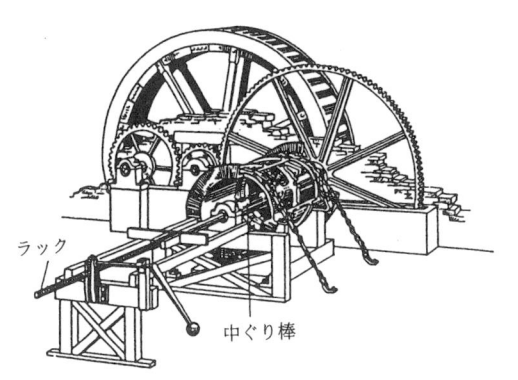

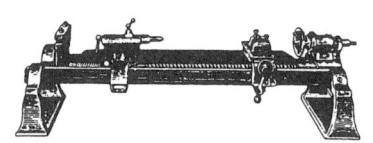

図7.3 Wilkinson の中ぐり盤
(L.C. ロルト：機械の歴史)

図7.4 Mosely の工具送り台付旋盤

工具，テーブル，主軸などの運動を数値に変えて工作機械を制御する方式で，生産情報を数値化した指令（NC プログラム）をテープにあらかじめ作成しておけば，自動的に加工プロセスを実行することができる．当初の NC 装置はアナログ制御であったが，コンピュータの発達とともにディジタル化された．さらに，ミニコンピュータやマイクロコンピュータの出現により，コンピュータを内蔵し直接工作機械を制御する CNC（computerized NC）へと発展した．これにより，従来の NC 装置にハードウエアとして組み込まれていた機能をソフトウエアによって変更できるようになり，さらに高度な処理が可能になった．現在では，NC 旋盤，NC ボール盤，NC 中ぐり盤，NC フライス盤，NC 研削盤など，ほとんどすべての種類の工作機械に数値制御が採用されている．

また，数値制御の導入により工作機械の形態も変化している．一般に NC 工作機械は，切削工具の本数が 1 本あるいは数本であり，多種類の加工への対応に限界があった．これに対し，多数の工具を装着できる自動工具交換装置（automatic tool changer, ATC）を持ち，NC プログラムで工具交換の指令を与えることにより，多種類の切削工程を自動的に行うことのできるマシニングセンター（machining center, MC）と呼ばれる多機能工作機械が開発され，機械加工プロセスの自動化，システム化を大きく進展させている．

7.2.2　NC工作機械

NC工作機械が従来の汎用工作機械と大きく異なる点は，その送り機構にある．汎用工作機械は，テーブルや刃物台の送りねじをハンドル操作で回して移動させる．これに対し，NC工作機械では，ハンドル操作の代わりに，送りねじであるボールねじの一端に駆動モータ（パルスモータ，サーボモータ）が取付けてあり，このモータの起動，停止，回転速度などをNC装置からの数値化されたパルス指令によって制御し，テーブルや刃物台を所定の位置に移動させる．

図7.5に示すように，NC装置の基本構成は入力部，演算制御部，サーボ制御部からなる．入力部は，NCテープ，フロッピーディスク，通信装置などからNCプログラムを受け取る部分である．演算制御部は，入力されたNCプログラムのデータの記憶や演算処理をし，送り機構の移動量や速度を指令するパルス列を発生したり，運動の誤差を補正し，サーボ制御部へ指令を送る．サーボ制御部は，演算制御部から出力されたパルス列に基づいて，位置決め制御や速度制御を行う．

図7.5で示したサーボ制御部とサーボモータの駆動部を合わせてサーボ機構と呼ぶ．このサーボ機構の制御方式には，要求される精度に応じて図7.6に示すようなオープンループ方式，セミクローズドループ方式およびクローズドループ方式がある．

オープンループ方式では，制御装置からパルスが入力されると，そのパルス数に応じた回転角だけパルスモータが回転し，単位時間当たりのパルスの数に比例した回転速度で，総パルス数に対応する角度までモータが回転し，テーブルを移

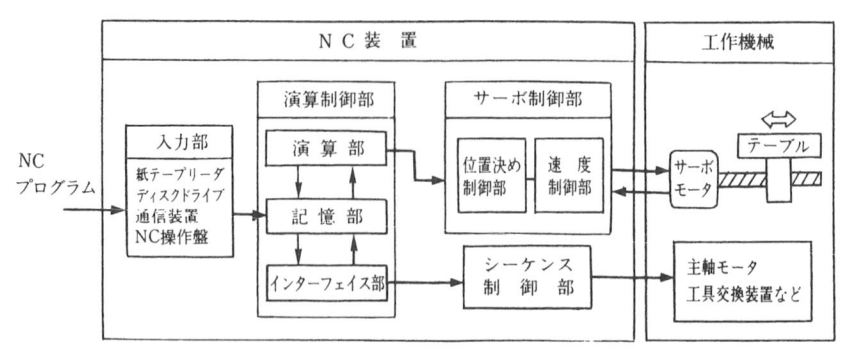

図7.5　NC装置の基本構成

7.2 工作機械の自動化

(a) オープンループ方式

(b) セミクローズドループ方式

(c) セミクローズドループ方式

(d) クローズドループ方式

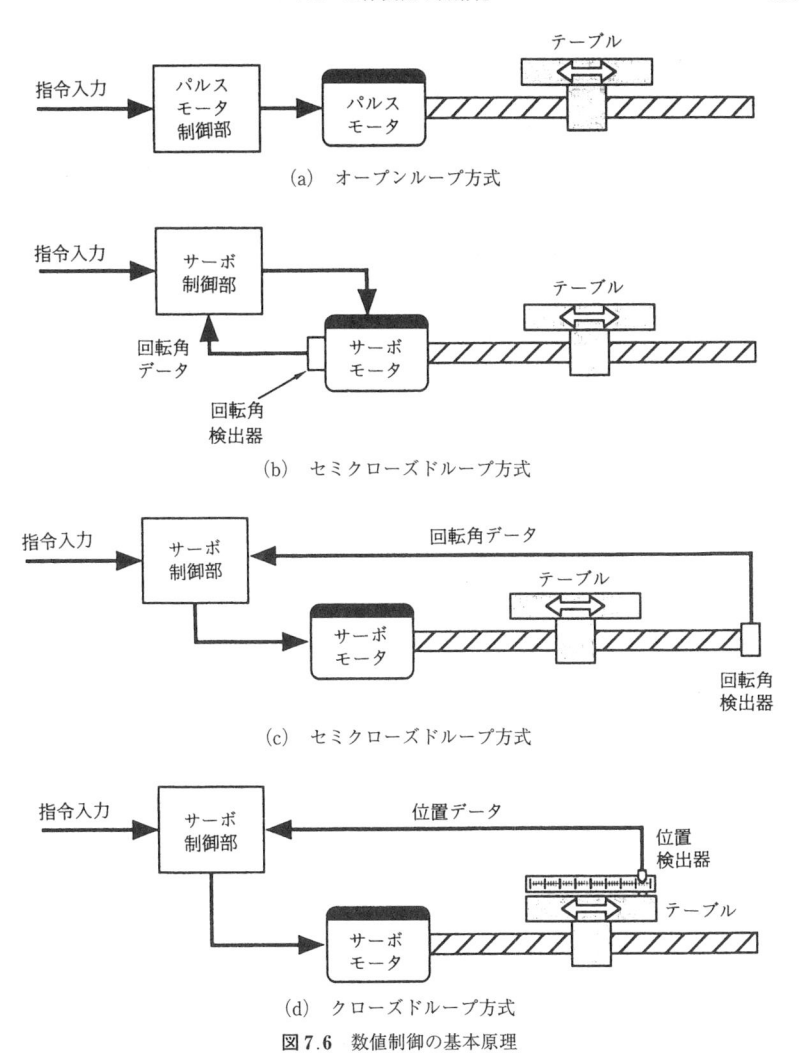

図 7.6 数値制御の基本原理

動させる．この制御方式は，モータ外部に位置や速度を計測するための検出器やフィードバック回路がないので，パルスモータの回転精度で運動の精度が決まってしまう．この方式は制御が単純で安価なため，一時期，日本では NC 工作機械の主流をなしていたが，1 パルス 0.01 mm で，精度的に不十分であったため，現

在では工作機械のサーボ機構としてはほとんど使用されていない．

セミクローズドループ方式では，制御装置から出力されるパルス数に比例してサーボモータ（直流モータまたは交流モータ）を回転させるのはオープンループ方式と同様であるが，サーボモータの回転角またはボールねじ端部の回転角をロータリーエンコーダなどの検出器で計測し，そのデータを演算制御装置にフィードバックしながらサーボモータを所定の角度まで回転させる．この方式は，テーブルの位置を直接計測するのではなく，ボールねじの精度に依存した制御方式なので，精度の点では不利であるが，比較的安価な検出器が使用できるのでコストが低く，一般のNC工作機械に広く利用されている．

一方，クローズドループ方式は，機械のテーブルの直線方向の位置を直接計測し，そのデータをフィードバックしながら制御するため，高精度の運動制御が可能である．位置検出器としては，インダクトシンスケール，マグネスケール，光学スケールなどが用いられる．しかし，これらの位置検出器は高価なので，大型工作機械や超精密加工を行うNC旋盤のように高精度の制御が必要なNC工作機械に用いられている．

7.2.3 NCプログラミング

製作図面をもとに，NC工作機械で工作物を実際に加工するまでの作業過程を図7.7に示す[3]．以下，NCプログラミングを同図の流れに沿って説明する．

① 加工の構想：製作図面から加工に必要な情報，すなわち，工作物の形状，材料，加工精度，加工方法，順序，切削工具，工作物の取付け法などを抽出し，加工手順の構想をまとめる．

② 切削箇所の決定：加工の構想を決定したら，たとえば"正面フライスによる上面の平面仕上げ加工の後，ドリルによる穴あけを行い，エンドミルによる輪郭加工をする"というように，加工の順序や方法を決定する．

③ 加工手順票の作成：表7.1に示すような加工手順票に加工箇所，加工方法などをその順序に従って記入する．複雑な工程が必要な加工では，必ず加工手順票を作成し，合理的にプログラミングをすることが大切である．

④ 切削工具の決定：工作物の形状，材質，加工精度などに基づいて，使用する切削工具を決定する．

7.2 工作機械の自動化

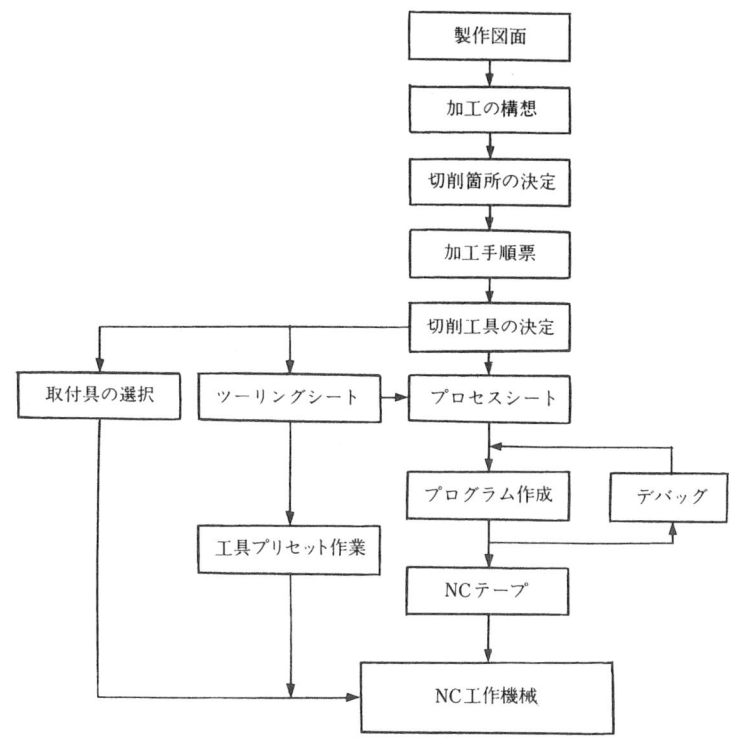

```
製作図面
  ↓
加工の構想
  ↓
切削箇所の決定
  ↓
加工手順票
  ↓
切削工具の決定
  ↓
取付具の選択 ← ツーリングシート → プロセスシート
                  ↓                    ↓
             工具プリセット作業      プログラム作成 ⇄ デバッグ
                  ↓                    ↓
                  └──→ NCテープ ←──────┘
                         ↓
                     NC工作機械
```

図7.7 製作図面からNCプログラミングまでの流れ[3]

表7.1 加工手順票の例[3]

部品名		部品番号		作成日	年 月 日
プログラム名				作成者	
No.	加工箇所	加工方法	仕上げ程度	備考	
1	工作物上面	正面フライス削り	仕上げ削り		
2	3ケ所の穴	ドリルによる穴あけ			
3	上面段付き部分	エンドミルによる輪郭切削	仕上げ削り		
4	右側面				

⑤ ツーリングシートの作成：ツーリングシートは工具の情報を NC 装置に登録し，NC プログラム中で工具の使用情報を整理するために作成する．表 7.2 に示すように，ツーリングシートには，工具番号，工具形状，補正番号と補正量，切削条件（主軸回転速度，送り速度）などを記入する．

⑥ プロセスシートの作成：NC プログラムを記入する表をプロセスシートという．プロセスシートには，コード化された記号で必要な指示を記入する（表7.3）．

⑦ NC プログラムと NC テープの作成：プロセスシートに従ってキーボードから数値情報を NC テープに書き込む．最近では，NC テープのかわりにフロッピーディスクや IC カードなどで NC 装置に入力する方法や，通信回線を通して直接 NC 装置に入力する方法がとられている．NC プログラムは，作業者が一つずつ指令を手作業で作っていくマニュアルプログラミングと，部品形状を入力することによってコンピュータで自動的にプログラムを生成する自動プログラミング

表7.2 ツーリングシートの例[3]

部品名				部品番号	作成日	
プログラム名（番号）					作成者	
No	工具番号	工具形状		工具長・工具径		切削条件
1	T 01	正面フライス	材質 C 6 枚刃	工具長 H 01 _____ mm 工具径 H 100 mm		S 600 F 360
2	T 02	ドリル	材質 HS	工具長 H 02 _____ mm 工具径 H 8 mm		S 1500 F 100
3	T 03	エンドミル	材質 HS	工具長 H 03 _____ mm 工具径 H 23 12 mm		S 1900 F 450

注）HS：高速度鋼　C：超硬合金

7.2 工作機械の自動化

表7.3 プロセスシートの例[3]

部品名		部品番号			作成日					
プログラム名（番号）		O 0001			作成者					
No.	O／N	G	X Y Z R I J K	F S	M	H	T	その他	備考	
1	O 0001									
2	N 10	G 17　G 40 G 80　G 49							初期設定	
3	N 11						T 01		主軸工具呼出し	
4					M 06				工具交換	
5	N 12	G 90 G 54 G 00	X 90.0　Y 0	S 600					座標系設定 ①上部へ	
6		G 43	Z 100, 0		M 03	H 01			工具長補正 ①へ主軸回転	
7			Z 0						②へ	
8		G 01	X－90.0	F 360					③へ切削	
9		G 00	Z 100.0		M 05				④へ主軸停止	
10	N 13	G 91　G 28	Z 0						Z 軸原点復帰	
11		G 49							工具長補正をキャンセル	
12		G 28	X 0　Y 0						X・Y 軸原点復帰	
13					M 30				エンドオブプログラム	

がある．自動プログラミング言語は APT（automatically programmed tool），EXAPT（extension of APT）などが有名であるが，最近では CAD システムとリンクして製作図面から直接工具経路を生成し，NC プログラムを自動作成するシステムが多く用いられている．

⑧ 試切削とプログラムの完成：数値情報の誤りの有無，工具の動き，切削条件，加工物との干渉などをチェックするため，試切削を行い，各所の精度測定によってデバックを繰り返して，NC テープを完成する．

7.2.4 マシニングセンター

マシニングセンター（machining center, MC）は，工作物の付け替えなしに，二面以上について，フライス削り，穴あけ，ねじ立て，中ぐりなどの多種類の機械加工を，自動的に実施することができる NC 工作機械である（図7.8）．そのため数十本の切削工具を工具マガジン（tool magazine）に備えており，工具の自動

交換機能（automatic tool changer, ATC）と工作物の加工面を自動的に割り出す機能，または工具軸の方向変換機能を備えている．マシニングセンターには多種多様のものがあり，大別すると非回転体工作物を加工するためのものと，回転体工作物を加工対象とするものがある．後者に属するものは，旋盤を母体として発展したもので，回転体工作物を切削するばかりではなく，主軸の回転角を制御して，フライス削りやドリル加工などを行うことができ，通常，ターニングセンター（turning center, TC）と呼ばれる（図7.9）．

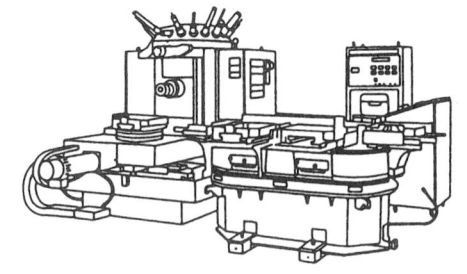

図7.8 マシニングセンター

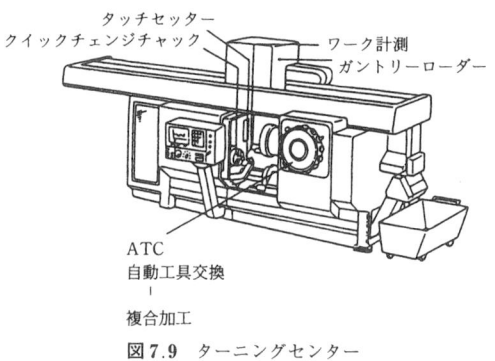

図7.9 ターニングセンター

たとえば，エンジンブロックのような非回転体工作物は，フライス削り，穴あけ，中ぐり，ねじ切り，研削など複数の加工作業を必要とする．従来，このような工作物は，フライス盤，ボール盤，中ぐり盤，研削盤などそれぞれの工作機械間を搬送し，順次，加工を施すのが普通であった．マシニングセンターの出現により，1台の機械で工作物を付け替えなしに多種類の加工を行うことができるようになった．このように，一度工作物をテーブルに取付けると，工具交換が自動的にすばやく行われ，多種類の作業を行うので段取り替えをする必要がなく，きわめて省力効果が大きい．このように，マシニングセンターは省力効果が大きく，長時間の自動運転も可能で，精度，経済性も高く，後述のFMSを構成する基本的な生産設備である．

7.2.5 適応制御工作機械

NC工作機械は，工具位置や経路，加工条件，作業順などの情報を，指令テー

プまたはコンピュータから工作機械へ一方的に与えて運転される．所定の指令どおりに順調に稼働している間は問題ないが，工具破損や機械の故障などの異常が発生したときに対処できない．これらの工作機械を自動運転，とくに無人運転をするためには，機械加工プロセスにおける各種の異常状態に適切に対処することが要求される．

したがって，工作機械または工具にセンサーを取付けて，たとえば，主軸トルク，機械・工具の温度，工具の変位，振動などを検出して，加工中の状態を常時監視し，工具や機械の異常発生を認識し，その原因を診断し，適切な補正制御や修復処置を行うことが必要である．このような観点から，機械加工システムの状態監視・検出システム，あるいは，異常状態に対して適切な補正制御を実行する適応制御（adaptive control，AC）工作機械の開発が進められた．

7.2.6 CNC, DNC
a．C N C
NC工作機械は，生産情報を数値化した指令テープにより制御される．これに対して，数値制御装置内にマイクロプロセッサを内蔵し，工作機械を直接制御するのがコンピュータ数値制御（computerized numerical control，CNC）である．

図7.10はCNCの内部構成の一例である．入出力部，演算制御，サーボ制御部の機能をマイクロプロセッサに置き換えたもので，従来のNC装置にハードウエアとして組み込まれていた機能をソフトウエアプログラムによって変更できるようにし，柔軟な数値制御を可能にしている．キーボードを用いて，直接マニュアルで入力された加工形状，加工条件，加工動作などのデータは，コンピュータ内に格納された補間機能を持つ自動プログラミング装置によってNCデータに変換され，パルス信号化される．最近の数値制御工作機械の多くは，CNC化されており，機能性，操作性，拡張性，信頼性，保守性などが飛躍的に向上した．

b．D N C
DNCとは，数台ないし数十台のNC工作機械を1台のコンピュータにより統括制御する方法で，群制御システム（direct numerical control，DNC）と呼ばれる．工場内に設置されている多数のNC工作機械だけに限らず，搬送装置，倉庫，ロボットなどを中央のコンピュータによって統括的に制御して稼働効率の向上を

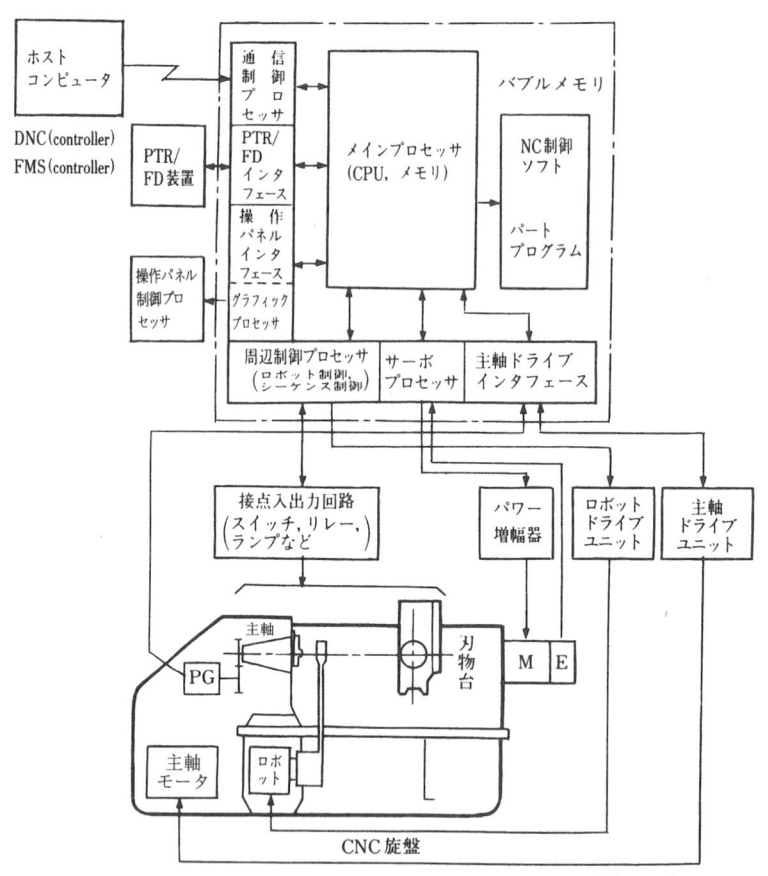

図7.10 CNC装置の構成図（大隈鉄工所）

PG：パルスゼネレータ
M：ブラシレスサーボモータ
E：高分解能絶対位置検出器

図るとともに，生産管理も同時に行うことができ，総合的な生産情報処理が可能となる．すなわち生産計画を立て，工程を決定し，時々刻々生産状況を確かめ必要な処置を自動的に行う．また，ラインの工作機械の性能を記憶しており，製品の寸法精度の情報に基づいてその機能に適した加工法を指令し，機械の調子しだいで材料の流し方も変更し，各機械の稼働状況も知り，工具の交換準備も指令する．このように，機械工場全体の自動化，省力化を行おうとして開発されたもの

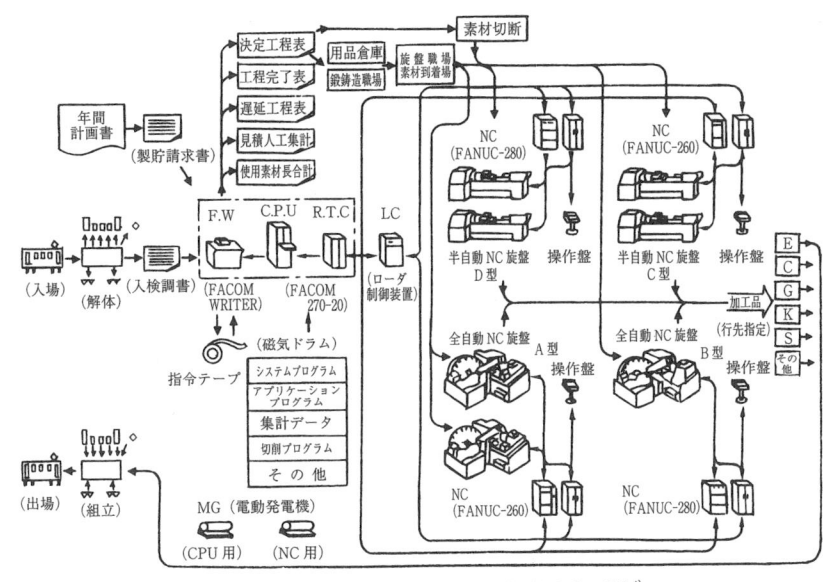

図 7.11 わが国初の DNC システム（国鉄大宮工場）[4]

である．図 7.11 は，1968 年当時の国鉄の大宮工場に設置された，わが国初の DNC システムである．

7.3 マテリアルハンドリングの自動化

7.3.1 マテリアルハンドリング

生産システムにおいては，マテリアル（素材，部品，製品，機器といったもの）を必要なときに必要な場所へ移動したり，貯蔵，保管することが必要である．このような作業をマテリアルハンドリング（material handling, MH）という．マテリアルハンドリングの自動化装置の主なものには，

① 交換：工作機械への工具，治具，素材などの自動交換装置
② 供給：自動組立装置への部品の自動供給装置
③ 搬送：各工程間，ならびに貯蔵場所への部品，製品の搬送と移載
④ 貯蔵：完成製品，半製品，購入部品の仕分けと格納する自動倉庫システム

があげられる[5]．

これらの装置の主な作業と自動化装置の例を表 7.4 に示す．

表7.4 主なマテリアルハンドリング[5]

マテリアルハンドリング種別	自動化装置	作業内容
交　換 (changing)	自動交換装置（automatic changer） （例） ・工具自動交換装置（automatic tool changer, ATC） ・パレット自動交換装置（automatic pallet changer, APC）etc.	①工具，治具，素材あるいは仕掛部品の加工機への供給，位置決め，クランプ ②使用ずみ工具，治具，加工完了部品のアンクランプ，取り出し，次工程用と交換
供　給 (feeding)	組立機の自動部品供給装置（automatic part feeder） （例） 振動ホッパフィーダ（vibration hopper feeder）etc.	①部品の形状，姿勢の選別（selection），整列（orientation） ②整列され，姿勢統一された部品の作業部位への供給（feeding） ③1個ずつ供給するための部品分離（escapement）
搬　送 (transfer)	各種コンベア（conveyor），クレーン（crane），ロボット（robot） 自走搬送台車 (automatic guided vehicle, AGV)	①工程間の部品の搬送 ②供給装置への素材，備品の移載 ③加工機への工具，治具の搬送 ④仕掛部品，加工完了部品，購入部品の倉庫への搬入あるいは倉庫からの搬出
貯　蔵 (storage)	自動倉庫（automatic ware house）	①完成製品，加工完了または仕掛部品，購入部品の仕分けと格納場所の決定 ②空棚の引当と格納 ③出庫部品の引当

7.3.2 産業用ロボット

生産システムにおける産業用ロボット（industrial robot）の主な役割は，マテリアルハンドリング作業と組立作業を行うことである．そのため，ロボットは対象物を把持するハンド部，ハンド部を所定の位置および姿勢にもっていくための本体，およびこれらを制御する制御装置から構成される．

ロボットの動作形式としては，図7.12に示すように直角座標形，円筒座標形，極座標形，そして多関節形の4種類に大別される．それぞれ次のような特徴を有しており，対象の作業内容によって使い分けられる．

① 直角座標形：剛性の高い機構が作りやすいので，高精度サーボ制御が可能であるが，広い設置面積を必要とし，作業領域が狭い．

② 円筒座標形：動作中の負荷の変動が少ないため，制御は容易で，精度も確保しやすい．

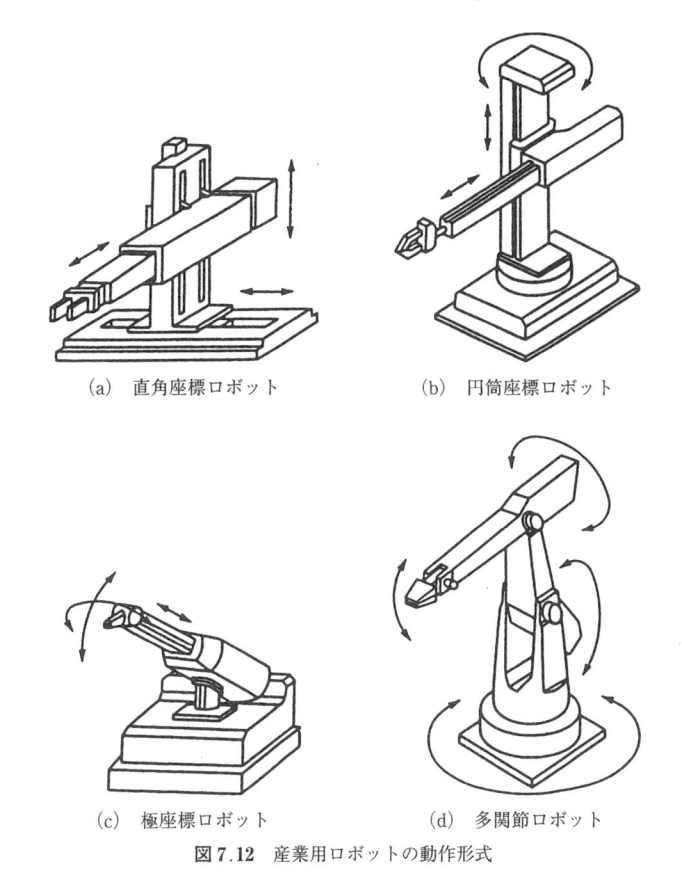

7.3 マテリアルハンドリングの自動化　　　　　　　　　　　　　　179

　　(a)　直角座標ロボット　　　　　　　(b)　円筒座標ロボット

　　(c)　極座標ロボット　　　　　　　　(d)　多関節ロボット
図7.12　産業用ロボットの動作形式

③　極座標形，多関節形：比較的狭い設置面積に対し広い作業領域を持ち，しかも手先の姿勢を巧妙に制御できるが，各関節部での位置誤差が先端で拡大されるため高精度を確保するのがむずかしい．

一方，産業用ロボットを制御情報の与え方で分類すると表7.5のようになる．

7.3.3　無人搬送車

無人搬送車（automatic guided vehicle, AGV）は，無人けん引車，無人フォークリフトを含め，「本体に人手または自動で荷物を積み込み，指示された場所まで自動走行し，人手または自動で荷降ろしする無軌道車両」とJISで定義されて

表7.5 産業用ロボットの分類 (JIS B 0134)

用語	意味	英語
操縦ロボット	ロボットに行わせる作業の一部または,すべてを人間が直接操作することによって,作業が行えるロボット	operating robot
シーケンスロボット	あらかじめ設定された情報(順序・条件および位置など)に従って動作の各段階を逐次進めていくロボット	sequence control robot
プレイバックロボット	人間がロボットを動かすことによって,順序・条件・位置およびその他の情報を教示し,その情報によって作業を行えるロボット	playback robot
数値制御ロボット	ロボットを動かすことなく順序・条件・位置およびその他の情報を数値・言語などにより教示し,その情報によって作業を行うロボット	numerically controlled (NC) robot
感覚制御ロボット	感覚情報を用いて,動作の制御を行うロボット	sensory controlled robot
適応制御ロボット	適応制御機能をもつロボット 備考:適応制御機能とは環境の変化などに応じて制御などの特性を所要の条件を満たすように変化させる制御機能をいう	adaptive controlled robot
学習制御ロボット	学習制御機能をもつロボット 備考:学習制御機能とは作業経験などを反映させ,適切な作業を行う制御機能をいう	learning controlled robot
知能ロボット	人工知能によって行動決定できるロボット 備考:人工知能とは認識能力・学習能力・抽象的思考能力・環境適応能力などを人工的に実現したものである	intelligent robot

いる.この無人搬送車は,コンベア,走行クレーン,天井走行台車などの搬送装置に比べ,次の特長をもっている.

① コンベアのような固定設備でないため,機械的な構造物を必要とせず,スペースの有効活用ができる.

② プログラムの変更により,搬送ルートの変更・拡張,搬送能力の増強が容易である.

③ 上位の製造管理システムと直結したきめ細かい多点間の搬送に適している.

無人搬送車を誘導方式,移載方式,運行制御方式で分類すると,次のようになる.

a. 誘導方式

無人搬送車の誘導方式には,床面に誘導ラインを連続して設置する固定経路式,誘導ラインを断続して設置する半固定経路式,および誘導ラインがなく車両自身

が判断して走行する自律走行式がある．さらに，半固定経路式，自律走行式の移動経路の制御には，電磁誘導式，光学反射式，マーク追跡式，ジャイロ航法式，画像認識式などの方式がある．

b．移載方式

無人搬送車から搬送物を受け渡しする方式は，人手によって移載する手動移載方式，人手によらない自動移載方式に大別される．荷台部分に取付けられる移載用の装置として，チェーンコンベア式，ローラコンベア式，プッシュプル式，およびリフタ式が一般である（図7.13）．チェーンコンベア式やローラコンベア式では，地上の移載装置は駆動力を持ったコンベアにする必要がある．プッシュプル式では，無人搬送車側から搬送物を押したり引いたりできるので，地上側は駆動力を必要としないのが特徴である．

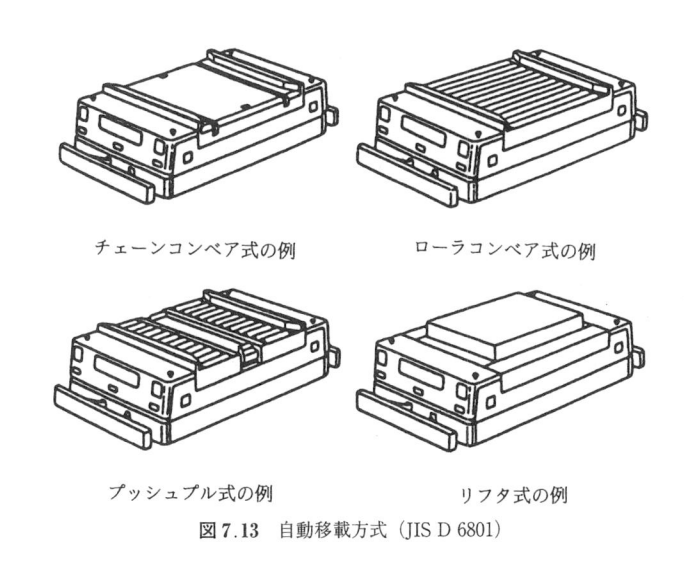

チェーンコンベア式の例　　　ローラコンベア式の例

プッシュプル式の例　　　リフタ式の例

図7.13　自動移載方式（JIS D 6801）

c．運行制御方式

無人搬送車の台数が少ない場合，車上に搭載された操作盤にマニュアルで動作指令を直接入力する車上設定方式と，走行ルートが複雑で使用台数が多い場合，地上に設置された車両運行制御盤により動作指令を行う地上設定方式とがある．

7.3.4 自動倉庫

自動倉庫（automated storage and retrieval system）の機能は，二つに大別できる．一つは，物流システムの中で，物流センターとして一時的または一定期間，品物を保管する機能と，工場などの生産工程の中で生産計画や生産スケジュールに対応して，仕掛品や部品の流れを調節する工程間バッファの機能である．このように，自動倉庫は単なる貯蔵機能ではなくAGVや仕分け装置，パレタイザなどの周辺物流装置とともに，それらを統合した物流システムの中核としての役割を果たす．図7.14に立体自動倉庫の例を示す．

また，自動倉庫を形態別に分類すると図7.15のようになる[7]．

① スタッカクレーン式：自動倉庫の代表的な形態で，スタッカクレーン（図

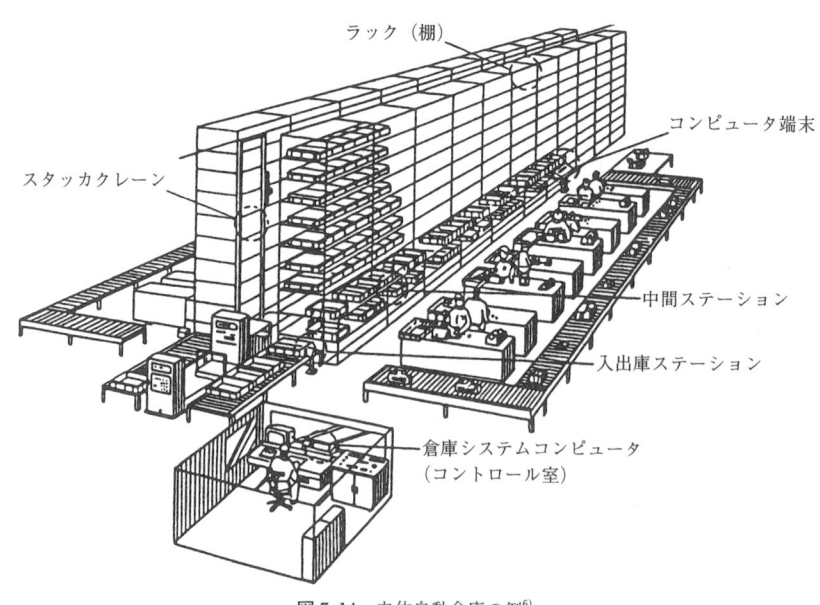

図7.14 立体自動倉庫の例[6]

図7.15 自動倉庫の形態による分類[7]

7.16) が立体配置されている両側のラック（棚）へ無人のクレーンが水平移動および昇降して，品物を自動的に格納，検索取り出しするものである．ラック高さは，数十 m くらいまでのものが一般的である．

② 回転ラック式：スタッカクレーンで品物を出し入れせず，ラック自体が水平または垂直に回転して所定のラックを固定の入出庫口まで移動させるもので，水平回転式では入出庫装置はエレベータ式になっている．各段のラックを連結して連続的に品物の出し入れを行うことができる[7]．

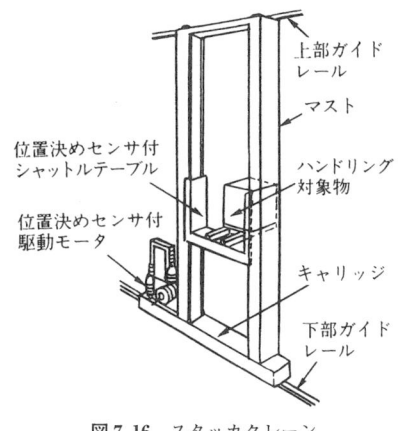

図 7.16 スタッカクレーン

7.4 FMC, FMS, FA

a. F M C

マシニングセンターとストッカー，自動供給装置，着脱装置などを備え，長時間無人に近い状態で複数の種類の生産ができる機械をフレキシブル生産セル（flexible manufacturing cell, FMC）という．FMC は，小規模な加工システムを構成し，高い生産性と柔軟性を有している．セルには通常 1 台ないしは機能の異なる複数台の NC 加工機，さらに検査，識別装置などがあり，これらはセル内に配置されたセル制御装置によって制御されている．なお，セル内で中間製品や製品を搬送する装置が必要であるが，搬送経路が短いため，図 7.17 のようにロボットやパレットが使われている．また，セル内で加工するための素材の搬入，製品の搬出といった外部との接続を担う搬送装置があり，工場全体の加工システムのサブシステムとして機能するようになっている．

b. F M S

生産設備の全体をコンピュータで統括的に制御・管理することによって，類似製品の混合生産，生産内容の変更などが可能な生産システムを一般に FMS（flexible manufacturing system）と呼ぶ．多品種・中少量生産における加工部品と生

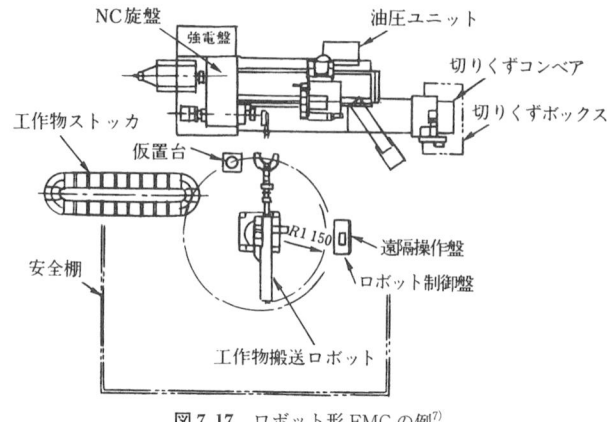

図7.17 ロボット形FMCの例[7]

産量の変動に柔軟に対応し，生産性を向上させる目的で作られたシステムである．

FMSに必要とされる機能は，次の項目があげられる[1]．

①自動加工機能
②自動搬送機能
③自動倉庫機能
④自動運用機能

自動加工機能は，通常マシニングセンターなどNC工作機械群から構成される．工作機械のほか，工具，工作物，治具などの自動交換機能などが含まれる．また，3次元測定機などの計測機やバリ取り，洗浄装置などを組み込んだシステムもある[8]．

自動搬送機能は，素材，部品，製品，工具，切りくずなどを必要なときに必要な場所へ，自動的に搬送する機能で，AGVやロボットが用いられる．

自動倉庫機能は，品物を自動的に貯蔵，保管，仕分け，出荷する機能で，立体自動倉庫が用いられる．

自動運用機能は，システム全体を効率よく運用するためのソフトウエアの機能で，生産のスケジューリングや工程管理，さらに品質管理などを運用するための種々のソフトウエアからなる．

c．FA

工場の生産機能を構成する要素（生産機器，搬送機器，保管機器など）および

生産行為（生産計画，生産管理など）をコンピュータで統合化し，総合的に高度な自動化を行うことをファクトリオートメーション（factory automation，FA）という．

　生産技術の側面と管理技術の側面と，両面にわたって完全に自動化を行うのは技術的には到達可能と思われるが，解決しなくてはならない多くの問題があり，まだ完全であるとはいえない現状である．

演習問題

7.1　数値制御工作機械の種類をあげて説明せよ．
7.2　NC工作機械と適応制御工作機械の違いについて説明せよ．
7.3　産業用ロボットの種類をあげよ．
7.4　生産システムにおける自動倉庫の役割を説明せよ．

参考文献

1) 岩田一明，中沢　弘：生産工学，コロナ社（1988）．
2) 田中芳雄，喜田義宏，杉本正勝，宮本　勇，土屋八郎，後藤英和，杉村延広：エース機械加工，朝倉書店（1999）．
3) 嵯峨常生，中西佑二，岡西修一監修：機械実習　中，実教出版（1998）．
4) 橋本文雄，朝倉健二：機械工作法Ⅱ，共立出版（1996）．
5) 橋本文雄，東本曉美：コンピュータによる自動生産システムⅠ，共立出版（1987）．
6) 藤野義一：総合生産システム，産業図書（1994）．
7) 精密工学会編：生産システム便覧，コロナ社（1997）．
8) 神田雄一：はじめての生産システム，工業調査会（2000）．
9) 人見勝人：生産システム工学，共立出版（1998）．
10) 人見勝人：入門編　生産システム工学，共立出版（1995）．
11) NEDEK研究会編著：生産工学入門，森北出版（1998）．
12) 臼井英治，松村　隆：機械製作法要論，東京電機大学出版局（1999）．
13) 日本機械学会編：機械工学便覧（加工学，加工機器），丸善（1991）．

演習問題の解答とヒント

1章
1.1 焼入れ，焼きもどし．
1.2 硬さ試験，切断応力検査，変形試験など．
1.3 重ね合わせる物体の穴に鋲（ピン）を入れ，両面から加圧して締め付けること．
1.4 穴あけ，座ぐり，バリ取り．
1.5 鍛造は材料を変形させて必要な形に加工するのに対し，鋳造は溶解した材料を必要な形の型で固める加工法である．

2章
2.1　2.1節をまとめよ．
2.2　2.2節をまとめよ．
2.3　2.3.1項参照．
2.4　2.4.1項参照．
2.5　307 N·m
2.6　$n = 0.263$, $C = 264$, $V_{100} = 78.6$ m/min
2.7　2.6.1項および2.6.2項をまとめよ．
2.8　2.6.7項を参考に鋼は何の合金かを加味して考察せよ．
2.9　工具寿命方程式の定義と工具損耗の項参照．
2.10　2.8節を中心に第2章全体をまとめよ．
2.11　2.9節を理解せよ．

3章
3.1　3.1.1項参照．
3.2　3.1.2項参照．
3.3　3.2.1項参照．

3.4　3.2.2項参照．
3.5　3.2.2項をみて考察せよ．
3.6　3.2.2項と前章の工具材料の項をみよ．
3.7　3.2.3項参照．
3.8　3.3.1項参照．
3.9　3.3.2項をみて考察せよ．
3.10　3.5.3項参照．

4章

4.1　と粒の接触は図のように表せられる．このとき被削材の降伏圧力 P_m は，

$$P_m = \frac{8f}{\pi a^2} \qquad (1)$$

で与えられる．ここで，f：加圧力，a：切削溝の幅．

接触を完全塑性的と仮定するので，平均圧力 P_m はビッカース硬さ H_V に比例すると考えられる．

$$P_m = 1.08 H_V \qquad (2)$$

したがって，式（1），（2）より f は，

$$f = \frac{\pi a^2}{8} P_m = \frac{\pi a^2}{8} 1.08 H_V$$

で与えられる．また，切り込み量 t は次式で求められる

$$t = r - \left(r^2 - \frac{a^2}{4}\right)^{0.5}$$

$$\fallingdotseq r - \left(r^2 - 0.61\frac{f}{H_V}\right)^2$$

4.2　定圧加工法は，工具の運動精度が機械の運動精度に対して独立している（母性原理によらない）ことに加えて，多刃工具による加工単位が微細となり調整が容易となるため．

4.3　以下の特徴を有するため；

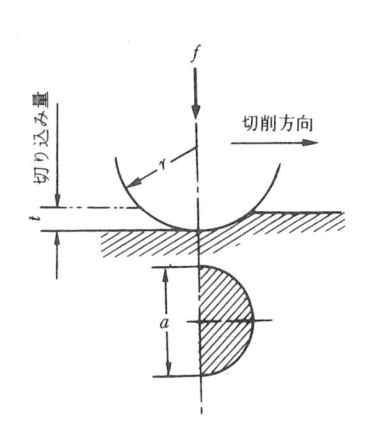

- 仕上げ面粗さが細かい．
- 表面に形成される切削痕のうち，凹み部が連続していて，油膜切れが生じ難い．
- 加工変質層が小さい．
- 研削や切削と組み合わせたとき，残留応力を圧縮にできる．

4.4 板の材料を軟鋼，硬さが［メディア＞軟鋼］とする．塑性変形と残留応力の影響がある．

塑性変形は，諸条件の影響で一般化が困難である．また，残留応力による変型は図のような傾向を示す．これらの重ね合わせで形状は決定する．

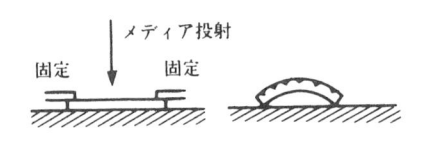

4.5 定圧加工法の一つでゲージや光学レンズの仕上げに古くから用いられる．高級な装置を必要とせずに，他の加工法で得られない精度を得ることができる，金属・非金属を問わず固体材料のほとんどすべての材料を加工できる，などの特徴を有するため．

4.6 例を示す．

加工物例	材料	と粒
レンズ	ガラス	Al_2O_3，ダイヤモンド，CeO_2
シリコンウエハー	Si	ダイヤモンド，Al_2O_3，SiC，コロイダルシリカ
圧電フィルター	水晶	Al_2O_3，SiC
	$LiTaO_3$	Al_2O_3，SiC
ブロックゲージ	ゲージ鋼	Al_2O_3，SiC
磁気ディスク	Al	Al_2O_3，SiC
	Ni めっき	
静圧軸受け	Si_3N_4	ベンガラ

5章

5.1 特殊加工法には，加工能率を向上させる目的で切削，研削など，一般的な加工法を改良した，いわゆる高速切削，高温切削，低温切削，振動切削，弾性切削などがある．ここでは，加工変質層のない超精密加工が可能な，そして普通では加工しにくい，いわゆる難削材の加工を目的に開発された新しい加工法を意味する．これには電気（熱）エネルギーを利用する電気・熱的加工法（放電加工，電子ビーム加工，レーザー加工，プラズマジェット加工），電気・化学的反応を用いる電気・化学的加工法

（電解加工，電解研削，電解研磨），化学反応を利用する化学的加工法（化学研磨，腐食加工）などの種類がある．

5.2 ワイヤと板状の加工物との間で放電加工をしながら切断する方法で，ワイヤが糸のこの刃の役割をするので，加工物を乗せたテーブルを二次元的に思いのまま移動しさえすれば，複雑な形状の加工物を切断することができる．さらに金型を一体に加工できる特徴がある．

5.3 電解加工は工具を陰極に，工作物を陽極として，両者間に大電流を通電し，工作物を金属イオンとして溶出させる加工である．この場合，陽極の表面には陽極生成物の膜が生じ，その後の電解の進行を妨げるので，電極に設けられた穴を通して，電解液を噴流させてこの生成物を電解液の噴流で除去して加工能率を高める．これに対し電解研削は，工作物を金属イオンとして溶出させるのは電解加工と同じであるが，陽極生成物をといし（陰極）を用いて機械的方法で除去する点が異なる．

5.4 高真空中の熱陰極から放出された電子を直流高電圧で加速し，電磁レンズで収束して工作物に当てると，衝突の際の高エネルギーによって局部的に高温となる．これによりきわめて小さい穴（1μm 程度）や複雑な形状のスリットを切るものである．

5.5 原子核の周りを回る電子が，エネルギーの高い準位 E_2（軌道の外側）から低い準位 E_1（軌道の内側）へ遷移すると，そのエネルギー差に比例する周波数 ν の光が放出される．逆に，E_1 のエネルギー状態にある原子に，E_2-E_1 のエネルギーの光が入射すると，原子はこの光のエネルギーを吸収して E_2 のエネルギー状態に遷移する．この場合，この入射光に刺激されて同じ周波数 ν の光を放出して E_1 の準位に遷移するが，この放出される光は入射光と同じ位相で同じ方向へ放出される．これが誘導放出の原理である．

5.6 放射状に誘導放出された光の両側に並行に平面鏡を置くと，誘導放出光のうち，鏡面に垂直でない光は外へ出て行ってしまうが，鏡面に垂直な光は鏡の間を反射して往復し，往復する間に連鎖的に増幅され，光の量はどんどん増加する．一方の反射鏡の反射率をわずかに下げ，一部透過性をもたせ（部分反射鏡という），光が透過しうるようにしておくと，誘導放出光が鏡面間を何回か往復する間に反射面での散乱，吸収，透過などの損失よりも光の強度増加が大きくなり，部分反射鏡を通して光が外へ放射される．これがレーザー発信である．

5.7 化学的加工は，薬品によって工作物の加工表面に化学反応を起こさせ，溶解，腐食

をさせて加工する方法である．この加工法には，化学研磨と腐食加工がある．化学研磨は，加工すべき工作物を化学液中に浸漬して表面の凸部を溶解し，平滑な光沢面を得る方法である．腐食加工は，金属の加工部分だけを露出させ，他の部分は耐食性の皮膜で覆い，加工液中に浸漬すると，露出部分だけが溶解，腐食されて彫刻，切抜きなどをする加工法である．

6章

6.1　寸法精度，幾何公差，表面粗さ．

6.2　$50.02 \sim 49.98$．

6.3　真直度，平面度，真円度．

6.4　直接測定は，加工物の寸法を使って直接読み取る方法である．これに対し比較測定は，加工物の寸法と標準寸法とを比較して，その差を測定して加工物の寸法を知る方法である．すなわち寸法測定において，目盛で直接測るか，標準寸法を用いて間接的に測るかに相違がある．

6.5　輪郭曲線フィルタで表面の凹凸の周期を分類し，周期の大きいものをうねり曲線，小さいものを粗さ曲線という．

6.6　粗さ曲線，うねり曲線，断面曲線．

7章

7.1　たとえば，NC旋盤，NCボール盤，NC中ぐり盤，NCフライス盤，NC研削盤などがある．

7.2　NC工作機械は，加工情報を指令テープから工作機械へ一方的に与えて運転するので，工具破損や故障などの異常が発生したときに対処できない．一方，適応制御工作機械は，工作機械または工具にセンサーを取付けて，主軸トルク，機械，工具の温度，工具の変異，振動などを検出して，加工中の状態を常時監視し，工具や機械の異常発生を認識し，その原因を診断し，適切な補正制御や修復処置を行うことができる．

7.3　ロボットの動作形式で分類すると，直角座標形，円筒座標形，極座標形，多関節形に分類される．また，制御情報の与え方で分類される（表7.2を参照）．

7.4　自動倉庫は，物流センターとして一定期間品物を保管する機能と，生産システムの

中で生産計画や生産スケジュールに対応して，仕掛品や部品の流れを調節する工程間バッファの機能がある．このように，自動倉庫は単なる貯蔵機能ではなく，AGVや仕分け装置，パレタイザなどの周辺物流装置とともに，それらを統合した物流システムの中核としての役割を果たす．

索　　引

●ア行

圧縮残留応力　102
圧力切り込み加工　72
穴あけ　9, 10
油といし　94
アブレシブコンパウンド　116
アブレシブ摩耗　89
荒加工　58, 71
粗さ曲線　155
アランダム　77
アルキッド樹脂　107
アルミ合金　79
アンギュラーミーリングアタッチメント　38

インプロセスセンシング技術　35

うねり曲線　155
上向き削り　27

エアーナイフ方式　109
A.S.M.E. の式　25
液体ホーニング法　117
A と粒　76
NC 工作機械　8
NC-CNC 装置　8
海老原の式　25
エポキシ樹脂　107
エマルジョン型　59
M 系　8
エメリー　107
エメリーペーパー　135
円形端面削り　9
円筒削り　10
円筒研削盤　82
円筒座標形　179
円筒トラバース研削　74
エンドミル　20
エンドミル削り　7

エンドレス研磨ベルト　107

往復切削運動　7
送り運動　7
送り速度　7
送り分力方向　67
送り方向分力　24
送り量　14
押出しダイス　129
押し付け圧力　94
オスカータイプ　123
オープンループ方式　169, 170

●カ行

加圧加工　90, 91
回転式バレル　111
外面円筒面加工　81
かえり取り　112
化学研磨　136
化学的加工法　135
化学的材料溶去説　124
化学的蒸着　43
角度測定器　150
欠け　49
加工硬化　14, 56
加工精度　53, 138
加工費用　35
加工変質層　55
加工用固体レーザー　131
火災加熱法　65
形削り　18
形削り盤　57
がたつき　55
形直し　81
片面研磨機　123
片面研磨装置　123
褐色アルミナ質研削材　76
カップ形　79
カップリング　91
角・アール付け　116
可撓性　108

角といし　94
ガーネット　107
カーボランダム　76
完全損傷　47, 50
ガンドリル　22

機械加工　1
機械加工システム　166
機械的材料除去説　124
機械ラッピング　121
幾何学的形状精度　150
幾何学的構造　102
幾何学的精度　102
幾何学的表面性状　154
幾何学的理論粗さ　54
幾何公差　139, 150
気孔　75
技術情報処理システム　165
境界摩耗　47
強制加工　90
強制切り込み加工　71
凝着摩耗　90
極座標形　180
極微量切削油剤供給方式　62
局部加熱法　65
切りくず　14, 23
切りくず厚さ　15
切りくず形態　53
切りくず除去作用　58
切りくず脆化作用　58
切りくず生成　15, 16
切りくず生成機構　10
切り込み　17
切り込み運動　7
切り込み量　14
き裂　49
き裂形　12
切れ刃　17
切れ刃エッジ　52
切れ刃材料　22

索　引

空気ゲージ方式　97
空気式ショットブラスト機　115
くさび作用　10
グラインディングセンター　84
グラファイトボンドといし　135
クランプバイト　18
グリットブラスト　115
クリープフィード研削　81
グリーンカーボランダム　76
クレータ摩耗　47
クローズドコート法　110
クローズドループ方式　170, 171
黒セラ　42
群制御システム　176

経済切削速度　32, 35, 36
形状精度　53
軽切削加工　58
ゲージ方式　97
結合剤　75, 77
欠損　34, 49
ケミカルミリング　136
研削　72
研削抵抗　74
研削といし　72, 106, 135
研磨　72
研磨加工原理　90
研磨加工の目的　88
研磨材　107, 111
研磨紙　107
研磨ディスク　107
研磨布紙　106
研磨布紙加工　106
研磨ベルト　107

高温硬度特性　40
高温切削　65
合金工具鋼　39
工具　5, 10
工具交換時間　35, 36
工具交換費用　35
工具寿命　32, 33, 35, 53
工具寿命曲線　33
工具測定用センサ　162
工具損傷　34

工具損耗　47, 50, 53
工具刃先　17
工具費用　35
工具マガジン　174
工具摩耗　33
工作機械　5
交差切削　93
高周波加熱法　65
構成刃先　12, 51
高速切削　63
高速度工具鋼　18, 21, 22, 39, 40
高速度鋼付刃バイト　19
光沢用コンパウンド　116
硬度変化　56
高能率加工　86
黒色炭化ケイ素研削材　76
コーテッド工具　39, 43
コランダム　76
コロイダルポリシング　125
コンタクトホイール方式　108
コンパウンド　116
コンピュータ数値制御　176

●サ行

再研磨　18
サイザル麻　116
最大高さ粗さ　157
最適切削速度　36
再付着説　124
再目立て作業　98
サーメット　18, 39, 41
Salomon 理論　64
産業用ロボット　179
3次元切削　11
算術平均粗さ　157
サンドブラスト　115
残留応力　56, 57

仕上げ加工　58
仕上げバイト　19
仕上げ面粗さ　54, 94
磁器性粘土　77
GCと粒　76
下向き削り　27
実切削時間　36
実切削費用　35
シート　106
自動移載方式　182

自動計測　159
自動交換機能　174
自動倉庫　183
Cと粒　76
死の谷　64
CBN　44, 77
CVD法　43, 45
ジャイロ式　112
シャンク　18
修正軸型研磨機　123
重切削加工　58
主分力方向　67
寿命判定基準　33
寿命方程式　33
寿命予測　32
潤滑作用　58
準備費用　35
小径加工　9
焼結ダイヤモンド　45
正味送り動力　24
正面フライス　20
除去加工　1
ショット投射部　116
ショットピーニング　115
シリンダゲージ　148
白セラ　42
真円度　152
シングルパスホーニング　100
侵食摩耗　90
人造研削といし　75
人造研磨石　113
人造樹脂　77
振動切削　67
芯なし研削盤　82
シンニング　31

水溶性切削油剤　59
数値制御フライス盤　167
すくい角　10, 11, 15, 17, 24, 72
すくい面　17
すくい面摩耗　47
スケール除去用コンパウンド　116
スケール取り　111
ストレート形　79
スーパーアロイ　45
スペードドリル　22
スラスト力　30, 31

索　引

スローアウェイチップ　18, 53
スローアウェイチップホルダ　19
寸法許容差　140
寸法公差　139
寸法精度　53, 140

成形加工　1
生産管理情報処理システム　165
生産システム　165
正常型　105
脆性損傷　32, 47
製造工程システム　166
製造制御システム　165
製品計画システム　165
静電塗装法　110
精密切削　45
切削厚さ　15
切削運動　7
切削温度　36
切削型　105
切削距離　94
切削工具材料　39
切削速度　7, 23, 24, 32, 50
切削耐久時間　32
切削抵抗　23, 26, 53
切削動力　26, 53
切削幅　17
切削油剤　30
切削量　94
接触面積比　94
セミクローズドループ方式　170, 171
セミドライ加工　62
セラミックス　39, 42
せり出し　50
繊維組織層　56
旋回割出し機能　9
旋削　9, 11, 18, 23
センター穴ドリル　22
全体加熱法　65
せん断角　15
せん断形　12
せん断過程　14
せん断作用　11
せん断すべり　15
せん断ひずみ　15

先端摩耗　47
せん断面　15
旋盤　23
旋盤加工　7, 11
旋盤系　8

総形成形研削　82
総形バイト　19
相互転写　92
塑性域　14
塑性変形　47, 50
ソリューション型　60
ソリューブル型　60
損傷　47

●タ行

耐水研磨紙　107
ダイヤモンド　40
ダイヤモンドといし　135
多関節形　180
脱脂洗浄用コンパウンド　116
タッチプローブ　160, 163
タッピングペースト　60
縦軸機　97
ターニングセンター　175
多刃工具　17, 20
WAと粒　76
だれ　50
タングステンカーバイド　41
炭酸ガスレーザー　131
弾性切削　68
弾性変形層　56
断続切削　32
炭素鋼　79
炭素工具鋼　39
断面曲線　156
端面削り　11

近付けあい　105
チゼルエッジ　31
チッピング　35, 49
チップ　18
超合金　44
超硬合金　18, 22, 39, 41
超硬バイト　19
超仕上げ　71, 106
超仕上げ加工　101
超仕上げ加工様式　105

超仕上げ専用機　105
超微粒子超硬合金　41
直接測定　142
直角座標形　179

ツイストドリル　22, 30
付刃バイト　18
突切りバイト　19
粒内変形層　56
ツーリングシート　173
ツルーイング　81
剣バイト　19

定圧拡張方式　96
低温切削　66
T系　8
定常切削期　105
定速拡張方式　97
Taylorの寿命方程式　33
適応制御工作機械　176
電解加工　134
電解研削　134
電解研磨　135
電気・化学的加工法　127, 134
電気抵抗加熱法　65
電気・熱的加工法　127
電弧（アーク）加熱法　65
電子ビーム加工　129
テンション式　109
電着　78
転動体軌道面超仕上げ　103

といし　79, 81
透明型乳化油　61
研ぎ直し　18
塗装下地の研磨　111
ドライ切削　61
トラバース研削　81
と粒　75
と粒径　94
と粒体積率　94
ドリル　20
ドリル加工　7, 11
トルク　30
ドレッシング　80, 98
ドレッシング期　105

●ナ行

内外径加工　9
内面研削盤　82
中ぐり　18
中ぐり加工　7, 23
流れ形切りくず　12, 15
なじむ　105

逃げ角　11, 17
逃げ面　17
逃げ面摩耗　47
2次元切削模型　15
2次元切削　11, 15
ニッケル　79
ニューポイントドリル　38

ネオボリックスボンド　77
ネガランド　52
ねじ切り加工　9
ねじ切りバイト　19
熱き裂　49
熱処理　149

ノギス　144

●ハ行

排出抵抗　30
ハイス　41
バイト　10, 17, 18
背分力　24
背分力方向　67
パウダーメタル　41
白色アルミナ質研削材　76
はく離　50
歯車加工　7
破損　49
バニシング期　105, 107
バフ車　116
バフ研磨　116
バリ　55, 112
バレル加工、111
バレルコンパウンド　111
バレルメディア　111, 113
ハンドラッピング　121, 122

PMハイス　41
比較測定　142

微細化結晶層　56
被削材　10
被削性　53
比切削抵抗　24, 25
非接触センサ　163
ビトリファイド　77, 78
PVD法　44
微粉と粒　116
ピボット運動の揺動機構　103
表面粗さ　154
表面粗さ測定機　155
平加工　7
平ぎり　22
平削り　9, 10, 18
平削り加工　7
平削り盤　7, 57
平フライス　20
疲労き裂　49
疲労摩耗　90

フィルム研磨　109
フェノール樹脂　107
付加加工　1
複合加工機械　8
腐食加工　137
腐食摩耗　90
不水溶性切削油剤　59
普通公差　140
物理的蒸着　43
浮動原理　91
部分反射鏡　130
フライス　20
フライス加工　7
フライス削り　10
フライス切削　27
プラゲージ　147
プラスチックモールド金型　129
プラズマジェット加工　133
プラズマジェット切断装置　133
フラップホイール加工　110
プラテン方式　108
プランジ研削　81
フリーベルト方式　108
フリント　107
フレキシブル生産セル　184
プレストンの法則　121

プレス抜き型　129
プロセスシート　173
ブロックゲージ　144
フローティング原理　93
噴射加工　114
分離浮動　95

平滑化説　124
平均垂直応力　17
平均せん断応力　17
平均摩耗　47
平面加工　81
平面研削盤　84
ベイルビー層　56
ベークライド　111
ヘール加工　68
ベルト　106
ベルト研削　108
ヘールバイト　20, 68
変形加工　1

放電加工　127
ホーニング　53, 71, 94
ホーニング加工　94
ホブ盤　7
ポリシング　124
ボールエンドミル　38, 39
ホワイトアランダム　76
ポンピング　130

●マ行

マイクロアロイ　41
マイクロ加工　45
マイクロメータ　146
摩擦角　17
益子の式　25
マシニング系　8
マシニングセンター　168
マテリアルハンドリング　178
摩耗　47
丸ホーニング　53

ミクロライト　42

むく材　21
むくバイト　18
むしり形　12
無人搬送車　180

メカニカル・ケミカル複合ポリ
　シング　124
目こぼ（零）れ　80
メタル　78
目つぶ（潰）れ　80
目詰まり　79
目詰まり目つぶれ型　106
目直し　80
面加工　7

● ヤ行

溶融ハイス　41
横軸機　97

● ラ行

ラッピング　119, 121
ラッピング作業　123
ラップ　119
ラップ液　121

ラップ材　119
ラップ力　123
ラップ量　121
ラバー　77
ラフィングエンドミル　29

立方晶窒化ホウ素　39, 44, 77
流動結晶層　56
両面研磨装置　123
緑色炭化ケイ素研削材　76
理論粗さ　54
輪郭曲線　155

ルビーレーザー　131

冷却作用　58
冷風切削　66
レーザー穴あけ　132
レーザー加工　129

レーザー光　129
レーザー切断　132
レーザー発振　130
レーザー溝切り　132
レジノイド　77, 79
レビンダー効果　59
レンズ研磨機　123

ろう付けチップ　53
ロール　106
ロールコート法　110

● ワ行

YAGレーザー　131
ワイヤ放電加工　129
ワニス　107
ワンパスホーニング　100

欧文索引

abrasive grain　75
abrasive wear　90
AC　176
adaptive control　176
adhesive wear　90
AGV　180
alundum　77
ATC　175
automated storage and re-
　trieval system　183
automatic guided vehicle　180
automatic tool changer　175

barrel　111
Beilby layer　56
bond　75
bonded abrasives　106
breakage　49
brittle failure　49
build up edge　12
build-up edge　51

carborundum　76
CBN　78
cemented carbide　40
centerless grinding machine

　82
ceramics　39
cermet　39
chemical milling　136
chemical polishing　136
chemical vapor deposit　43
chip　23
chipping　49
clamped tool　18
clearance angle　11, 17
CNC　168, 176
coated abrasIves　106
coated tool　39
computerized numerical con-
　trol　176
controlling depth machining
　71
controlling force machining
　72
coolant　58
corrosive wear　90
corundum　76
crack　49
crack type　12
cubic boron nitride　39
Cut-off tool　19

cuttig speed　32
cutting　5
cutting edge　17
cutting resistance　23
cutting tool material　39

diamond　40
direct numerical control　176
DNC　176
down milling　27
dressing　80
drill　20
drilling　11
dry machining　61

economical cutting speed　36
electric discharge machining
　127
electro-chemical grinding
　134
electro-chemical machining
　134
electrolytic polishing　135
emulsion type cutting fluids
　59
end mill　20

erosion wear 90
external cylindrical grinding machine 82

FA 186
face 17
face milling cutter 20
face wear 47
factory automation 186
fatigue crack 49
fatigue wear 90
flaking 50
flank wear 47
flexible manufacturing cell 184
flexible manufacturing system 184
floating 95
floating principle 91
flow type 12
FMC 184
FMS 184
formde tool 19
forming tool 19
fracturing 49
frank 17

green carborundum 76
grinding center 84
grinding wheel 72
grrid blasting 115
gun drill 23

high speed tool steel 39
honing 53

industrial robot 179
internal cylindrical grinding machine 82

lathe 23

machinability 53
machine tool 5
machined surface roughness 54

machining 5
machining center 168
machining system 166
management information processing system 165
manufacturing system 165
material handling 178
metalic bond 79
MH 178
milling 27
minimal quantity lubrication 62
MQL 62

NC 167
numerical control 8, 167

oblique cutting 11
orthogonal cutting 11

parting tool 19
physical vapor deposit 43
plain milling cutter 20
plasma jet machining 134
plastic zone 14
polishing 124
pore 75
production control system 165
production process system 166
product planning system 165

rake angle 11, 17
rake face 17
rebinder effect 59
residual stress 57
resinoid bond 77
ruber bond 77

sandblasting 116
semi-dry machining 62
shank 18
shear plane 15
shear type 12
shearing process 14

shot peening 115
single point tool 18
sintered carbide 39
solid tool 18
soluble type cutting fluids 60
solution type cutting fluids 60
spade drill 22
spring tool 20
straight cutting oils 59
straight tool 19
surface grinding machine 84

TC 175
tear type 12
technological information processing system 165
thermal crack 49
thinning 31
threading tool 19
three-dimensional cutting 11
throw-away insert 18
thrust force 30
tip 18
tipped tool 18
tool damage 47
tool life 33
tool magazine 174
torque 30
truing 81
turning 23
turning center 175
twist drill 22
two-dimensional cutting 11

upward milling 27

vitrified bond 77
void 75

water-soluble cutting fluids 59
wear 47
white alundum 77
work affected layer 55
work hardening 14, 56

| 材料加工学　第2版 | 定価はカバーに表示 |

2009年4月15日　初版第1刷
2024年3月15日　　第9刷

著　者　澤　井　　　猛
　　　　廣　垣　俊　樹
　　　　塩　田　康　友
　　　　恩　地　好　晶
　　　　青　山　栄　一
　　　　櫻　井　恵　三
　　　　足　立　勝　重
　　　　小　川　恒　一
発行者　朝　倉　誠　造
発行所　株式会社　朝倉書店
　　　　東京都新宿区新小川町6-29
　　　　郵便番号　162-8707
　　　　電話　03(3260)0141
　　　　FAX　03(3260)0180
　　　　https://www.asakura.co.jp

〈検印省略〉

Ⓒ 2009〈無断複写・転載を禁ず〉　　　　　　　　　　Printed in Korea

ISBN 978-4-254-23129-8　C 3053

JCOPY ＜出版者著作権管理機構　委託出版物＞

本書の無断複写は著作権法上での例外を除き禁じられています。複写される場合は、そのつど事前に、出版者著作権管理機構（電話 03-5244-5088, FAX 03-5244-5089, e-mail: info@jcopy.or.jp）の許諾を得てください。

◆ 基礎機械工学シリーズ〈全11巻〉 ◆
セメスターに対応した新教科書シリーズ

長崎大 今井康文・長崎大 才本明秀・
久留米工大 平野貞三著
基礎機械工学シリーズ1

材 料 力 学
23701-6 C3353　　　　A5判 160頁 本体3000円

例題とティータイムを豊富に挿入したセメスター対応教科書。〔内容〕静力学の基礎／引張りと圧縮／はりの曲げ／はりのたわみ／応力とひずみ／ねじり／材料の機械的性質／非対称断面はりの曲げ／曲りはり／厚肉円筒／柱の座屈／練習問題解答

前九大 平川賢爾・福岡大 遠藤正浩・住友金属 大谷泰夫・
高知工科大 坂本東男著
基礎機械工学シリーズ2

機 械 材 料 学
23702-3 C3353　　　　A5判 256頁 本体3700円

例題とティータイムを豊富に挿入したセメスター対応教科書。〔内容〕機械材料と工学／原子構造と結合／結晶構造／状態図／金属の強化と機械的性質／工業用合金／金属の機械的性質／金属の破壊と対策／セラミック材料／高分子材料／複合材料

熊本大 岩井善太・熊本大 石飛光章・有明高専 川崎義則著
基礎機械工学シリーズ3

制 御 工 学
23703-0 C3353　　　　A5判 184頁 本体3200円

例題とティータイムを豊富に挿入したセメスター対応教科書。〔内容〕制御工学を学ぶにあたって／モデル化と基本応答／安定性と制御系設計／状態方程式モデル／フィードバック制御系の設計／離散化とコンピュータ制御／制御工学の基礎数学

九大 古川明徳・佐賀大 瀬戸口俊明・長崎大 林秀千人著
基礎機械工学シリーズ4

流 れ の 力 学
23704-7 C3353　　　　A5判 180頁 本体3200円

演習問題やティータイムを豊富に挿入し、またオリジナルの図を多用してやさしく、わかりやすく解説。セメスター制に対応した新時代のコンパクトな教科書。〔内容〕流体の挙動／完全流体力学／粘性流体力学／圧縮性流体力学／数値流体力学

尾崎龍夫・矢野　満・濟木弘行・里中　忍著
基礎機械工学シリーズ5

機 械 製 作 法 Ⅰ
――鋳造・変形加工・溶接――
23705-4 C3353　　　　A5判 180頁 本体3200円

鋳造、変形加工と溶接という新視点から構成したセメスター対応教科書。〔内容〕鋳造（溶解法、鋳型と鋳造法、鋳物設計、等）／塑性加工（圧延、押出し、スピニング、曲げ加工、等）／溶接（圧接、熱切断と表面改質、等）／熱処理（表面硬化法、等）

九大 末岡淳男・九大 金光陽一・九大 近藤孝広著
基礎機械工学シリーズ6

機 械 振 動 学
23706-1 C3353　　　　A5判 240頁 本体3600円

セメスター対応教科書〔内容〕振動とは／1自由度系の振動／多自由度系の振動／振動の数値解法／振動制御／連続体の振動／エネルギー概念による近似解法／マトリックス振動解析／振動と音響／自励振動／振動と騒音の計測／演習問題解答

九大 古川明徳・佐賀大 金子賢二・長崎大 林秀千人著
基礎機械工学シリーズ7

流 れ の 工 学
23707-8 C3353　　　　A5判 160頁 本体3400円

演習問題やティータイムを豊富に挿入し、本シリーズ4巻と対をなしてわかりやすく解説したセメスター制対応の教科書。〔内容〕流体の概念と性質／流体の静力学／流れの力学／次元解析／管内流れと損失／ターボ機械内の流れ／流体計測

佐賀大 門出政則・長崎大 茂地　徹著
基礎機械工学シリーズ8

熱 力 学
23708-5 C3353　　　　A5判 192頁 本体3400円

例題、演習問題やティータイムを豊富に挿入したセメスター対応教科書。〔内容〕熱力学とは／熱力学第一法則／第一法則の理想気体への適用／第一法則の化学反応への適用／熱力学第二法則／実在気体の熱力学的性質／熱と仕事の変換サイクル

末岡淳男・村上敬宜・近藤孝広・山本雄二・
有浦泰常・尾崎龍夫・深野　徹・村瀬英一他著
基礎機械工学シリーズ9

機 械 工 学 概 論
23709-2 C3353　　　　A5判 224頁 本体3600円

21世紀という時代における機械工学の全体像を魅力的に鳥瞰する。自然環境や社会構造にいかに関わるかという視点も交えて解説。〔内容〕機械工学とは／材料力学／機械力学／機械設計と機械要素／機械製作／流体力学／熱力学／伝熱学／コラム

九大 金光陽一・九大 末岡淳男・九大 近藤孝広著
基礎機械工学シリーズ10
機　械　力　学
―機械系のダイナミクス―
23710-8 C3353　　　　A 5 判 224頁 本体3400円

ますます重要になってきた運輸機器・ロボットの普及も考慮して，複雑な機械システムの動力学的問題を解決できるように，剛体系の力学・回転機械の力学も充実させた。また，英語力の向上も意識して英語による例題・演習問題も適宜挿入

有浦泰常・鬼鞍宏猷・仙波卓弥・鈴木俊男他著
基礎機械工学シリーズ11
機　械　製　作　法　II
―除去加工・精密測定法・加工システム―
23711-5 C3353　　　　A 5 判 196頁 本体3200円

除去加工の基礎と具体的な加工法をエピソードも含めて平易に解説。〔内容〕切削加工の基礎／切削加工の実際／砥粒加工／特殊加工(放電加工から電気泳動研磨まで)／機械加工の自動化システム／精密測定／除去加工例／演習問題解答

◆ 学生のための機械工学シリーズ ◆
基礎から応用まで平易に解説した教科書シリーズ

東亜大 日高照晃・福山大 小田 哲・広島工大 川辺尚志・愛媛大 曽我部雄次・島根大 吉田和信著
学生のための機械工学シリーズ1
機　械　力　学
23731-3 C3353　　　　A 5 判 176頁 本体3200円

振動のアクティブ制御，能動制振制御など新しい分野を盛り込んだセメスター制対応の教科書。〔内容〕1自由度系の振動／2自由度系の振動／多自由度系の振動／連続体の振動／回転機械の釣り合い／往復機械／非線形振動／能動制振制御

奥山佳史・川辺尚志・吉田和信・西村行雄・
竹森史暁・則次俊郎著
学生のための機械工学シリーズ2
制御工学 ―古典から現代まで―
23732-0 C3353　　　　A 5 判 192頁 本体2900円

基礎の古典から現代制御の基本的特徴をわかりやすく解説し，さらにメカの高機能化のための制御応用面まで講述した教科書。〔内容〕制御工学を学ぶに際して／伝達関数，状態方程式にもとづくモデリングと制御／基礎数学と公式／他

小坂田宏造編著　上田隆司・川並高雄・久保勝司・
小畠耕二・塩見誠規・須藤正俊・山部　昌著
学生のための機械工学シリーズ3
基　礎　生　産　加　工　学
23733-7 C3353　　　　A 5 判 164頁 本体3000円

生産加工の全体像と各加工法を原理から理解できるよう平易に解説。〔内容〕加工の力学的基礎／金属材料の加工物性／表面状態とトライボロジー／鋳造加工／塑性加工／接合加工／切削加工／研削および砥粒加工／微細加工／生産システム／他

幡中憲治・飛田守孝・吉村博文・岡部卓治・
木戸光夫・江原隆一郎・合田公一著
学生のための機械工学シリーズ4
機　械　材　料　学
23734-4 C3353　　　　A 5 判 240頁 本体3700円

わかりやすく解説した教科書。〔内容〕個体の構造／結晶の欠陥と拡散／平衡状態図／転位と塑性変形／金属の強化法／機械材料の力学的性質と試験法／鉄鋼材料／鋼の熱処理／構造用炭素鋼／構造用合金鋼／特殊用途鋼／鋳鉄／非鉄金属材料／他

稲葉英男・加藤泰生・大久保英敏・河合洋明・
原　利次・鴨志田隼司著
学生のための機械工学シリーズ5
伝　熱　科　学
23735-1 C3353　　　　A 5 判 180頁 本体2900円

身近な熱移動現象や工学的な利用に重点をおき，わかりやすく解説。図を多用して視覚的・直感的に理解できるよう配慮。〔内容〕伝導伝熱，熱物性／対流熱伝達／放流伝熱／凝縮伝熱／沸騰伝熱／凝固・融解伝熱／熱交換器／物質伝達／他

岡山大 則次俊郎・近畿大 五百井清・広島工大 西本　澄・
徳島大 小西克信・島根大 谷口隆雄著
学生のための機械工学シリーズ6
ロ　ボ　ッ　ト　工　学
23736-8 C3353　　　　A 5 判 192頁 本体3200円

ロボット工学の基礎から実際までやさしく，わかりやすく解説した教科書。〔内容〕ロボット工学入門／ロボットの力学／ロボットのアクチュエータとセンサ／ロボットの機構と設計／ロボット制御理論／ロボット応用技術

川北和明・矢部　寛・島田尚一・
小笹俊博・水谷勝己・佐木邦夫著
学生のための機械工学シリーズ7
機　械　設　計
23737-5 C3353　　　　A 5 判 280頁 本体4200円

機械設計を系統的に学べるよう，多数の図を用いて機能別にやさしく解説。〔内容〕材料／機械部品の締結要素と締結法／軸および軸継手／軸受けおよび潤滑／歯車伝動(変速)装置／巻掛け伝動装置／ばね，フライホイール／ブレーキ装置／他

元横国大 中山一雄・前東洋大 上原邦雄著

新版 機械加工

23089-5 C3053　　　Ａ５判 224頁 本体3700円

機械製作のための除去加工法について解説した教科書。好評の旧版を最近の進歩をふまえて改訂。〔内容〕切削加工法／生産技術としての切削／切削工具／特殊な切削法／砥粒加工と砥粒／研削加工法／ホーニングと超仕上げ／ラッピング／他

田中芳雄・喜田義宏・杉本正勝・宮本　勇他著
エース機械工学シリーズ

エース機械加工

23682-8 C3353　　　Ａ５判 224頁 本体3800円

機械加工に関する基本的事項を体系的に丁寧にわかり易く解説。〔内容〕緒論／加工と精度／鋳造／塑性加工／溶接と溶断／熱処理・表面処理／切削加工／研削加工／遊離砥粒加工／除去加工／研削作業／特殊加工／機械加工システムの自動化

佐久間敬三・斎藤勝政・松尾哲夫著

機械工作法
—切削・研削・特殊加工・生産システム—

23040-6 C3053　　　Ａ５判 216頁 本体3500円

機械技術者・学生にとって重要な機械工作法の本質を図表を多用して体系的に解説。〔内容〕加工法／切削加工一般／切削作業／砥石および研削加工一般／研削盤作業／精密表面仕上加工／機械要素の加工／特殊加工／機械加工システムと自動化

前東工大 阿武芳朗・元東工大 田村　博著
朝倉機械工学講座12

機械製作法

23562-3 C3353　　　Ａ５判 272頁 本体4800円

機械製作法についてその歴史からすべての加工法まで総合的に解説した学生・技術者のテキスト。〔内容〕総論／鋳造／塑性加工／溶接／熱処理・表面処理／除去加工(切削・研削)／特殊加工(高速流体加工，電解加工，化学反応加工，熱電子加工)

高知工科大 長尾高明・工学院大 畑村洋太郎・
東大 光石　衛・東大 中尾政之著

知能化生産システム

23095-6 C3053　　　Ａ５判 232頁 本体4900円

情報化時代にあわせた「知能化生産システム」が急務になっている。本書はその指針を具体的に示す。〔内容〕基本的考え方／ハードウェア(力センサ，知能化マシニングセンタ他)／システムのコントロール／システムの効果(加工精度向上他)

前日大 金子純一・金沢工大 須藤正俊・日大 菅又　信編

改訂新版 基礎機械材料学

23126-7 C3053　　　Ａ５判 256頁 本体3800円

好評の旧版を全面的に改訂。〔内容〕物質の構造／材料の変形／材料の強さと強化法／材料の破壊と劣化／材料試験法／相と平衡状態図／原子の拡散と相変化／加工と熱処理／鉄鋼材料／非鉄金属材料／セラミックス／プラスチック／複合材料

前川一郎・加藤康司・小野　陽著
新機械工学シリーズ

機械材料学

23583-8 C3353　　　Ａ５判 196頁 本体3800円

機械材料の基礎を近年著しい新材料(新素材など)の開発を織りまぜて平易に解説。〔内容〕材料と機械／材料特性とその評価／材料の構造／材料の構造と変形挙動／材料の構造と破壊挙動／材料の構造と安定性／材料の構造の変化／材料特性／他

松尾哲夫・末永勝郎・立川逸郎・幡中憲治・
福永秀春著

機械材料

23039-0 C3053　　　Ａ５判 272頁 本体4800円

機械材料の組織，製法，性質，用途等，基礎から応用まで平易に解説。とくに，セラミックス等機能性材料を詳述。〔内容〕総論／材料の製法と構成組織／材料の構造／平衡状態図と熱処理／塑性と加工／材料の力学的性質とその試験法／鉄鋼材料

竹内芳美・青山藤詞郎・新野秀憲・光石　衛・
国枝正典・今村正人・三井公之編

機械加工ハンドブック

23108-3 C3053　　　Ａ５判 536頁 本体18000円

機械工学分野の中核をなす細分化された加工技術を横断的に記述し，基礎から応用，動向までを詳細に解説。学生，大学院生，技術者にとって有用かつハンディな書。〔内容〕総論／形状創成と加工機械システム／切削加工(加工原理と加工機械，工具と加工条件，高精度加工技術，高速加工技術，ナノ・マイクロ加工技術，環境対応技術，加工例)／研削・研磨加工／放電加工／積層造形加工／加工評価(評価項目と定義，評価方法と評価装置，表面品位評価，評価のシステム化)

上記価格(税別)は2024年2月現在